面向新工科5G移动通信“十四五”规划教材
总主编◎张光义 中国工程院院士

5G基站建设与维护

李崇鞅 李 伊 郭旭静 张 倩 强小虎◎编著

中国铁道出版社有限公司
CHINA RAILWAY PUBLISHING HOUSE CO., LTD.

内容简介

本书为面向新工科5G移动通信“十四五”规划教材之一，根据高等院校通信类专业教学要求编写，遵循“以就业为导向，以能力培养为本位”的教改方向，以“理论够用、突出岗位技能、重视实践操作”为编写理念，论述了5G基站建设与维护的相关知识与必备技能。全书共分基础篇、实战篇、拓展篇三篇，主要包括通信工程建设基础知识、5G基站工程勘察设计、5G基站建设施工、5G基站工程验收和5G基站日常巡检及维护等内容。

本书适合作为应用型高等院校通信类专业教材，也可作为高等职业院校通信类专业教材，还可作为通信专业技术人员培训教材或参考书。

图书在版编目(CIP)数据

5G基站建设与维护/李崇鞅等编著．—北京：中国铁道出版社有限公司，2024．1

面向新工科5G移动通信“十四五”规划教材

ISBN 978-7-113-30608-3

Ⅰ．①5… Ⅱ．①李… Ⅲ．①无线电通信-移动网-高等学校-教材 Ⅳ．①TN929．5

中国国家版本馆CIP数据核字(2023)第190154号

书　　名：5G基站建设与维护

作　　者：李崇鞅　李　伊　郭旭静　张　倩　强小虎

策　　划：韩从付　　　　**编辑部电话：**(010)63549501

责任编辑：贾　星　张　彤

封面设计：尚明龙

责任校对：刘　畅

责任印制：樊启鹏

出版发行：中国铁道出版社有限公司(100054，北京市西城区右安门西街8号)

网　　址：http://www.tdpress.com/51eds/

印　　刷：三河市燕山印刷有限公司

版　　次：2024年1月第1版　2024年1月第1次印刷

开　　本：787 mm×1 092 mm　1/16　**印张：**12．5　**字数：**308千

书　　号：ISBN 978-7-113-30608-3

定　　价：40．00元

编委会

序　一

全球经济一体化促使信息产业高速发展，给当今世界人类生活带来了巨大的变化，通信技术在这场变革中起着至关重要的作用。通信技术的应用和普及大大缩短了信息传递的时间，优化了信息传播的效率，特别是移动通信技术的不断突破，极大地提高了信息交换的简洁化和便利化程度，扩大了信息传播的范围。目前，5G通信技术在全球范围内引起各国的高度重视，是国家竞争力的重要组成部分。中国政府早在"十三五"规划中已明确推出"网络强国"战略和"互联网+"行动计划，旨在不断加强国内通信网络建设，为物联网、云计算、大数据和人工智能等行业提供强有力的通信网络支撑，为工业产业升级提供强大动力，提高中国智能制造业的创造力和竞争力。

党的二十大报告指出："教育、科技、人才是全面建设社会主义现代化国家的基础性、战略性支撑。必须坚持科技是第一生产力、人才是第一资源、创新是第一动力，深入实施科教兴国战略、人才强国战略、创新驱动发展战略，开辟发展新领域新赛道，不断塑造发展新动能新优势。"近年来，为适应国家建设教育强国的战略部署，满足区域和地方经济发展对高学历人才和技术应用型人才的需要，国家颁布了一系列发展普通教育和职业教育的决定。2017年10月，习近平总书记在党的十九大报告中指出，要提高保障和改善民生水平，加强和创新社会治理，优先发展教育事业。要完善职业教育和培训体系，深化产教融合、校企合作。2022年1月召开的2022年全国教育工作会议指出，要创新发展支撑国家战略需要的高等教育。推进人才培养服务新时代人才强国战略，推进学科专业结构适应新发展格局需要，以高质量的科研创新创造成果支撑高水平科技自立自强，推动"双一流"建设高校为加快建设世界重要人才中心和创新高地提供有力支撑。《国务院关于大力推进职业教育改革与发展的决定》指出，要加强实践教学，提高受教育者的职业能力，职业学校要培养学生的实践能力、专业技能、敬业精神和严谨求实作风。

现阶段，高校专业人才培养工作与通信行业的实际人才需求存在以下几个问题：

一、通信专业人才培养与行业需求不完全适应

面对通信行业的人才需求，应用型本科教育和高等职业教育的主要任务是培养更多更好的应用型、技能型人才，为此国家相关部门颁布了一系列文件，提出了明确的导向，但现阶段高等职业教育体系和专业建设还存在过于倾向学历化的问题。通信行业因其工程性、实践性、实时性等特点，要求高职院校在培养通信人才的过程中必须严格落实国家制定的"产教融合，校企合作，工学结合"的人才培养要求，引入产业资源充实课程内容，使人才培养与产业需求有机统一。

二、教学模式相对陈旧，专业实践教学滞后比较明显

当前通信专业应用型本科教育和高等职业教育仍较多采用课堂讲授为主的教学模式，

学生很难以“准职业人”的身份参与教学活动。这种普通教育模式比较缺乏对通信人才的专业技能培训。应用型本科和高职院校的实践教学应引入“职业化”教学的理念，使实践教学从课程实验、简单专业实训、金工实训等传统内容中走出来，积极引入企业实战项目，广泛采取项目式教学手段，根据行业发展和企业人才需求培养学生的实践能力、技术应用能力和创新能力。

三、专业课程设置和课程内容与通信行业的能力要求多有脱节，应用性不强

作为高等教育体系中的应用型本科教育和高等职业教育，不仅要实现其“高等性”，也要实现其“应用性”和“职业性”。教育要与行业对接，实现深度的产教融合。专业课程设置和课程内容中对实践能力的培养较弱，缺乏针对性，不利于学生职业素质的培养，难以适应通信行业的要求。同时，课程结构缺乏层次性和衔接性，并非是纵向深化为主的学习方式，教学内容与行业脱节，难以吸引学生的注意力，易出现“学而不用，用而不学”的尴尬现象。

新工科是教育部基于国家战略发展新需求、适应国际竞争新形势、满足立德树人新要求而提出的我国工程教育改革方向。探索集前沿技术培养与专业解决方案于一身的教程，面向新工科，有助于解决人才培养中遇到的上述问题，提升高校教学水平，培养满足行业需求的新技术人才，因而具有十分重要的意义。

本套书第一期计划出版16册，分别是《光通信原理及应用实践》《综合布线工程设计》《光传输技术》《无线网络规划与优化》《数据通信技术》《数据网络设计与规划》《光宽带接入技术》《5G移动通信技术》《现代移动通信技术》《通信工程设计与概预算》《分组传送技术》《通信全网实践》《通信项目管理与监理》《移动通信室内覆盖工程》《WLAN无线通信技术》《5G基站建设与维护》。套书整合了高校理论教学与企业实践的优势，兼顾理论系统性与实践操作的指导性，旨在打造为移动通信教学领域的精品图书。

本套书围绕我国培育和发展通信产业的总体规划和目标，立足当前院校教学实际场景，构建起完善的移动通信理论知识框架，通过融入黄冈教育谷培养应用型技术技能专业人才的核心目标，建立起从理论到工程实践的知识桥梁，致力于培养既具备扎实理论基础又能从事实践的优秀应用型人才。

本套书的编者来自中国电子科技集团、广东省新一代通信与网络创新研究院、南京理工大学、黄冈教育谷投资控股有限公司等单位，包括广东省新一代通信与网络创新研究院院长朱伏生、中国电子科技集团赵玉洁、黄冈教育谷投资控股有限公司徐巍、舒雪姣、徐志斌、兰剑、姚中阳、胡良稳、蒋志钊、阳春、袁彬等。

本套书如有不足之处，请各位专家、老师和广大读者不吝指正。希望通过本套书的不断完善和出版，为我国通信教育事业的发展和应用型人才培养做出更大贡献。

张光义

2022年12月

序　二

现今，ICT（信息、通信和技术）领域是当仁不让的焦点。国家发布了一系列政策，从顶层设计引导和推动新型技术发展，各类智能技术深度融入垂直领域为传统行业的发展添薪加火；面向实际生活的应用日益丰富，智能化的生活实现了从“能用”向“好用”的转变；“大智物云”更上一层楼，从服务本行业扩展到推动企业数字化转型。中央经济工作会议在部署2019年工作时提出，加快5G商用步伐，加强人工智能、工业互联网、物联网等新型基础设施建设。5G牌照发放后已经带动移动、联通和电信在5G网络建设的投资，并且国家一直积极推动国家宽带战略，这也牵引了运营商加大在宽带固网基础设施与设备的投入。

5G时代的技术革命使通信及通信关联企业对通信专业的人才提出了新的要求。在这种新形势下，企业对学生的新技术和新科技认知度、岗位适应性和扩展性、综合能力素质有了更高的要求。从相关调研与数据分析看，通信专业人才储备明显不足，仅10%的受访企业认可当前人才储备能够满足企业发展需求。相关的调研显示，为应对该挑战，超过50%的受访企业已经开展5G相关通信人才的培养行动，但由于缺乏相应的培养经验、资源与方法，人才培养投入产出效益不及预期。为此，黄冈教育谷投资控股有限公司再次出发，面向教育领域人才培养做出规划，为通信行业人才输出做出有力支撑。

本套书是黄冈教育谷投资控股有限公司面向新工科移动通信专业学生及对通信感兴趣的初学人士所开发的系列教材之一。以培养学生的应用能力为主要目标，理论与实践并重，并强调理论与实践相结合。通过校企双方优势资源的共同投入和促进，建立以产业需求为导向、以实践能力培养为重点、以产学结合为途径的专业培养模式，使学生既获得实际工作体验，又夯实基础知识，掌握实际技能，提升综合素养。因此，本套书注重实际应用，立足于高等教育应用型人才培养目标，结合黄冈教育谷投资控股有限公司培养应用型技术技能专业人才的核心目标，在内容编排上，将教材知识点项目化、模块化，用任务驱动的方式安排项目，力求循序渐进、举一反三、通俗易懂，突出实践性和工程性，使抽象的理论具体化、形象化，使之真正贴合实际、面向工程应用。

本套书编写过程中，主要形成了以下特点：

（1）系统性。以项目为基础、以任务实战的方式安排内容，架构清晰、组织结构新颖。先让学生掌握课程整体知识内容的骨架，然后在不同项目中穿插实战任务，学习目标明确，

实战经验丰富,对学生培养效果好。

(2)实用性。本套书由一批具有丰富教学经验和多年工程实践经验的企业培训师编写,既解决了高校教师教学经验丰富但工程经验少、编写教材时不免理论内容过多的问题,又解决了工程人员实战经验多却无法全面清晰阐述内容的问题,教材贴合实际又易于学习,实用性好。

(3)前瞻性。任务案例来自工程一线,案例新、实践性强。本套书结合工程一线真实案例编写了大量实训任务和工程案例演练环节,让学生掌握实际工作中所需要用到的各种技能,边做边学,在学校完成实践学习,提前具备职业人才技能素养。

本套书如有不足之处,请各位专家、老师和广大读者不吝指正。以新工科的要求进行技能人才培养需要更加广泛深入的探索,希望通过本套书的不断完善,与各界同仁一道携手并进,为教育事业共尽绵薄之力。

2022年12月

前言

移动通信技术的更新换代非常迅速，已经历经了1G、2G、3G、4G的发展。每一次代际跃迁，每一次技术进步，都极大地促进了产业升级和经济社会发展。目前我国5G网络建设已进入高速增长期，在此背景下，5G人才需求急速增长。编著者结合国家紧缺技术人才需求编写了本书，注重企业岗位技能培养。

全书共分基础篇、实战篇、拓展篇三篇，总共包括五个项目。主要内容包括通信工程建设基础知识、5G基站工程勘察设计、5G基站建设施工、5G基站工程验收、5G基站日常巡检及维护，涵盖了5G基站工程勘察设计、建设施工、维护岗位的相关知识和技能。各项目具体内容如下：

项目一介绍通信工程建设基础知识、5G移动通信网络架构、5G基站BBU设备和5G基站AAU设备以及基站防雷接地技术与系统。

项目二论述工程勘察准备工作、5G规划站点工程勘察、5G可提供站点工程勘察以及5G站点工程设计与制图。

项目三论述5G基站配套设施建设规范、5G基站设备安装准备、5G基站设备开箱验货、BBU设备的安装以及AAU设备的安装。

项目四论述5G基站工程验收流程和5G基站工程验收文档。

项目五介绍5G基站日常巡检和5G基站常见故障处理。

本书在编写过程中，遵循“以就业为导向，以能力培养为本位”的教育改革方向；打破传统教材编写思路，基于工作过程，根据岗位合理划分工作任务；以“理论够用、突出岗位技能、重视实践操作”为编写理念，体现了面向应用型人才培养的高等院校教育特色。

本书提供配套的实训手册、题库、课程标准、教学大纲、习题答案等电子资源，可以到中国铁道出版社教育资源平台(http://www.tdpress.com/51eds/)下载。

本书由湖南邮电职业技术学院李崇鞅、李伊、郭旭静、张倩、强小虎编著，新乡学院孔祥盛参与编写。

由于编著者水平有限，书中难免出现疏漏和不当之处，恳请读者不吝指正。

编著者

2023年5月

目　录

基础篇　学习通信工程建设基础知识

实战篇　掌握基站勘察与施工技能

拓展篇　熟悉基站工程验收与维护

基础篇

学习通信工程建设基础知识

引言

通信基站是移动通信网络中最关键的基础设施，在整个蜂窝移动通信系统中，基站子系统是移动台与移动中心连接的桥梁，其地位极其重要。基站的选型与建设，已成为组建现代移动通信网络的重要一环。

据工业和信息化部统计数据，截至2022年底，全国5G基站达到231.2万个，基站总量占全球60%以上。5G网络覆盖大部分乡镇和农村地区。5G移动用户达到5.61亿户，行业虚拟专网总数已超过10 000个。工业和信息化部将按照适度超前的原则继续推动5G网络建设。在5G网络达到一定规模的基础上，由规模建设、广泛覆盖向按需建设、深度覆盖推进，打造高质量的5G网络。

通信施工包含哪些工作岗位？通信工程师应该遵守哪些行为规范？通信设备的防雷、接地、防静电会对设备的安全稳定运行产生哪些影响？我们应采取怎样的防护措施？这些都是本项目要涉及和解决的问题。

学习目标

- 了解通信工程建设。
- 了解5G移动通信网络架构。
- 熟悉5G基站BBU设备。
- 熟悉5G基站AAU设备。
- 熟悉基站防雷接地技术与系统。

知识体系

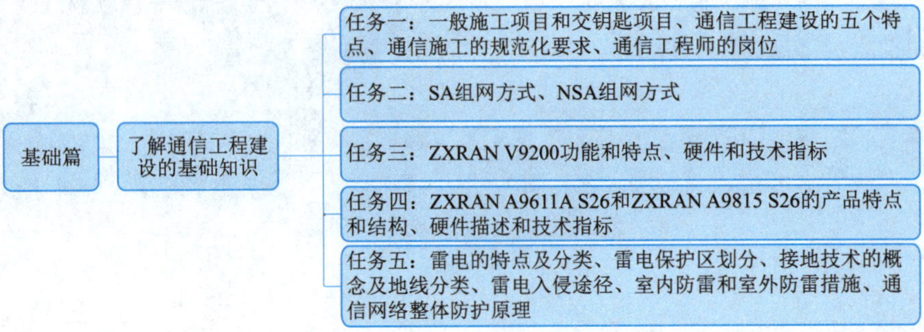

基础篇

了解通信工程建设的基础知识

- 任务一：一般施工项目和交钥匙项目、通信工程建设的五个特点、通信施工的规范化要求、通信工程师的岗位
- 任务二：SA组网方式、NSA组网方式
- 任务三：ZXRAN V9200功能和特点、硬件和技术指标
- 任务四：ZXRAN A9611A S26和ZXRAN A9815 S26的产品特点和结构、硬件描述和技术指标
- 任务五：雷电的特点及分类、雷电保护区划分、接地技术的概念及地线分类、雷电入侵途径、室内防雷和室外防雷措施、通信网络整体防护原理

项目一 了解通信工程建设基础知识

任务一 初识通信工程建设

任务描述

本任务主要学习通信工程的分类以及通信工程建设的特点，了解通信施工的规范化要求，以及不同岗位的职责和能力要求。

任务目标

- 识记：通信工程建设的特点。
- 领会：通信工程的一般施工项目和交钥匙项目。
- 应用：通信工程的岗位能力要求。

任务实施

一、通信工程的分类

按项目执行的类型分类，通信工程项目可分为一般施工项目和交钥匙项目。

一般施工项目（又称合作施工项目）指按照单独的设计文件单独进行施工的通信项目建设工程。一般施工项目是雇主与施工队伍相互配合，施工团队根据雇主的设计文件进行施工的工程。

交钥匙项目（又称 Turnkey 项目）是包括规划、设计、生产、线缆建设、基础建设（机房、环境建设）、配套建设、系统集成等通信施工中所有环节的项目。在施工过程中，雇主基本不参与。在施工结束之后，即“交钥匙”时，提供一个配套完整、可以运行的设施。交钥匙工程一般在技术相对落后地区较为流行。

二、通信工程建设的特点

(一)多种配套建设需同时进行

单独的通信站点并不能形成一张可使用的通信网络,因而通信网的建设只有点、线、面全部具备时才能形成真正可使用的通信网络。一个通信网络包含业务设备、配套设备、传输设备、电源设备和线路等,只有这些设备都建设完成时,通信网络才能够完全投入使用。

(二)技术发展快,综合要求高

通信技术的发展速度很快,光传输、移动通信等一系列新技术不断升级迭代。在这个专业性强且技术密集的行业中,设计、施工、管理人员必须具有较高的专业综合素质。

(三)通信站点建设需要考虑站点的安全以及可靠性问题

施工人员不但需要确保设备正常开通,还必须确保其符合设备长期稳定运行的标准。在施工过程中,附件的接触性、可靠性、可维护性直接影响了每一个通信站点的可靠性。

(四)防雷与防磁电

通信信号的传递必须避免地磁场以及雷击的影响。雷击时巨大的能量能够迅速将通信设备破坏。而在强磁场以及电场环境中,电子设备的信号将被干扰,导致通信质量下降。

(五)测试手段专业

通信工程施工过程中,为了获得设备的使用情况,必须对通信设备进行一系列的测试。这些测试涉及信号强度、信令、故障点等,需采用一系列的专业测试方法以及测量仪器。测试也是通信工程施工的一部分。

三、通信施工的规范化要求

随着通信行业的快速发展,从事通信工程的设计、施工以及工程管理的专业队伍迅速壮大。由于通信网络庞大,不得不由多个单位相互配合建设,通信工程施工就有了标准化以及规范化的需要。工业和信息化部颁发了一系列的国家标准和行业标准,进一步规范了通信工程的市场,为通信工程行业确立了统一的技术标准体系。

通信施工之所以要规范化,主要是考虑以下几个方面的原因。

(一)不同厂家设备对接的需要

在通信工程中,来自各个厂家的设备需要相互连接、相互配合,才能够让整个系统运转起来,从而为用户提供服务。因此,电气特性上的互连互通是通信工程实施规范中的一个重要要求。例如,一个单纯的移动网络,就涉及移动交换设备、基站控制设备、基站设备、用户数字配线设备、通信电源设备、光纤、移动台等,我们需要根据统一的规范与标准将这个网络中的各个节点相互连接起来,从而保证不同厂家设备对接成功。

(二)不同施工单位相互配合的要求

一个通信工程实际上是由若干个单位协同完成的。施工单位需要能够识别设计部门的设计规范以及出现问题时的反馈机制,施工单位也必须能够与同一个通信网不同施工地点的技术人员配合。因而,设计部门与施工部门,以及同一个通信网不同的施工部门之间,在建设同一个通信网络时,都必须采用同样的工作标准,只有这样,才能够让各个单位在施工过程中前后衔接,左右互联。

(三)维护设备可靠性及稳定性的需要

在通信施工完成之后,通信设备的使用将面临长期稳定运行的考验。稳定性与可维护性是通信设备运营的两大要素。只有通过规范化的建设，才能将影响设备可靠性的因素，如温度、湿度、电磁干扰、雷击、电源、连接等的影响降到最低。

（四）保证工程师服务质量的需要

每一个工程师都是一个独立的人，有不同的责任心、技术水平，故不同的工程师在工程施工中的服务质量将完全不同。为了确保工程质量，并且复制那些良好的稳定的通信工程施工模式，确保工程师服务质量，规范化在通信工程施工中是非常必要的。

四、通信工程师岗位介绍

通信工程师是通信工程中的主要技术人员，根据工作内容的不同，可以分为多个岗位。不同岗位的职责及能力要求见表1-1-1。

表1-1-1　通信工程师岗位职责及能力要求

岗位名称	主要职责	能力要求
项目经理	负责整个工程项目的采购、人员分配、工程建设、协调、进度、资金等方面的管理	基本工程素质、管理能力、系统组网知识、验收知识
工程督导	执行整个工程的监控、指导、协调，保证整个工程顺利验收	极高的基本工程素质、系统原理知识、系统组网知识、硬件安装知识、勘测知识、防雷知识、勘测设计知识、调试与测试知识、验收知识
工程建设监理	控制工程建设的投资、建设工期、工程质量；进行安全管理、工程建设合同管理；协调有关单位之间的工作关系，即“三控、两管、一协调”，确保工程的按时按质完成	基本工程素质、系统原理知识、系统组网知识、硬件安装知识、勘测知识、防雷知识、勘测设计知识、验收知识
勘测工程师	根据《工程勘察指导手册》，按照工程勘察流程对安装地点进行符合要求的工程勘测，获得相关的勘测信息以及发货信息	基本工程素质、系统原理知识、系统组网知识、硬件安装知识、勘测知识、防雷知识、勘测设计知识
设计工程师	根据《工程设计指导手册》，按照工程设计流程对勘测工程师获得资料进行整理，并进行工程设计，输出工程设计文档，以便于通信工程师按照设计工作	基本工程素质、系统原理知识、系统组网知识、硬件安装知识、勘测知识、防雷知识、软件调试知识、勘测设计知识
安装工程师	在工程督导的指导下，根据《工程安装指导手册》，按照工程安装流程对设备硬件按照通信工程质量要求进行安装，并能够通过质量验收	基本工程素质、系统原理知识、硬件安装知识、防雷知识、工程勘测知识
调测工程师	根据《工程调测指导手册》，按照工程调测流程实施系统调测工作，按期完成设备调测任务	系统原理知识、系统组网知识、硬件安装知识、勘测知识、防雷知识、勘测设计知识、调试与测试知识、验收知识
开通工程师	根据开通工程技术规范，按照工程开通流程完成设备初验、割接开通、移交工作	系统原理知识、系统组网知识、硬件安装知识、勘测知识、防雷知识、调试与测试知识、验收知识
通信基建工程师	指导人员对机房或者设备安装地点进行基建的工作岗位	基本工程素质、硬件安装知识、防雷知识、工程勘测知识
线路工程技术员	指导工程队伍对线路工程进行施工，完成线路工程任务。包括长途线缆工程、接入线缆工程以及用户接口	基本工程素质、线缆识别知识、设计识别知识、系统安全知识
工程项目物流	项目中物流的执行	基本工程素质、协调能力、问题处理能力

热点话题

通信工程师是通信工程中的主要技术人员，根据工作内容的不同，可以分为多个岗位。而随着时代的发展，未来的岗位及能力需求很有可能变化，岗位分类和能力要求会有怎样的变化，请参考表 1-1-1，分组讨论。

任务小结

通信工程项目可分为一般施工项目和交钥匙项目。

通信工程建设有如下特点：多种配套建设需同时进行，设备先进、技术密集、通信站点建设需要考虑站点的安全以及可靠性问题、防雷与防磁电和测试手段专业。

通信施工的规范化要求，主要考虑以下几个方面的原因：不同厂家设备对接的需要、不同施工单位相互配合的要求、维护设备可靠性及稳定性的需要和保证工程师服务质量的需要。最后列表详细介绍了通信工程师不同岗位的职责及能力要求。

任务二　了解 5G 移动通信网络架构

任务描述

本任务主要学习 5G 移动通信网络架构，了解 5G 网络的两种拓扑以及各自的特点，对于 5G 不同的组网模式可以匹配对应的组网方案。

任务目标

- 识记：5G 网络拓扑架构。
- 了解：SA 组网方式和 NSA 组网方式。
- 了解：Option2、Option3 和 Option7 组网方案。

任务实施

移动通信网络分为接入网、传输网和核心网。基站部署于接入网，主要负责 UE(user equipment，用户终端)在无线侧的接入与管理。传输网由一系列运营商的交换和路由设备组成，主要用于传输基站与核心网之间的控制信令与用户数据。核心网部署了一系列核心网网元，这些网元协同对 UE 进行鉴权、计费和移动性管理等。不同制式(2G/3G/4G/5G)的移动通信网络，基站、核心网网元的名称和功能划分也各有不同。移动通信网架构如图 1-2-1 所示。

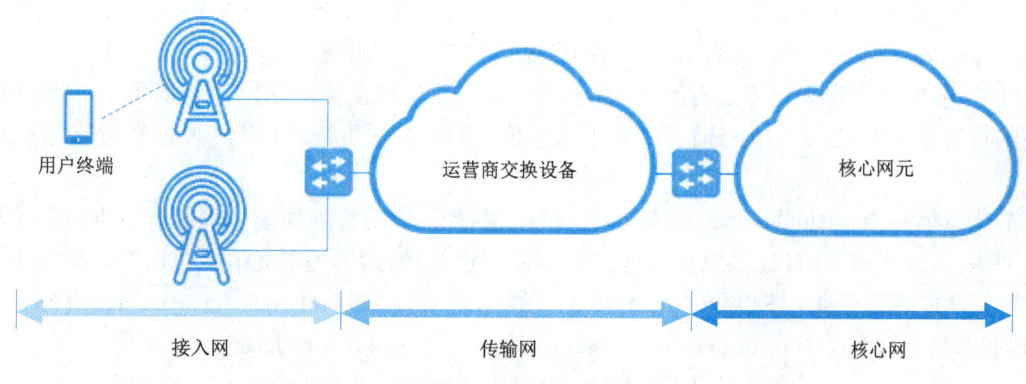

图 1-2-1　移动通信网架构

根据 3GPP(3rd generation partnership project,第三代合作伙伴计划)的规划,5G 有两种组网模式:SA(standalone,独立组网)和 NSA(non-standalone,非独立组网)。

一、SA 组网方式

5G 组网独立与否在于是否利用 4G 基础设施进行部署。SA 组网模式需要新建全套 5G 基础设施,而 NSA 组网会使用部分 4G 基础设施,NSA 组网是通过 4G 基站把 5G 基站接入核心网。

(一)5G 网络拓扑

5G 网络拓扑示例如图 1-2-2 所示。在 4G 到 5G 演进过程中,核心网侧从 4G 核心网 EPC(evolved packet core,演进分组核心网)向 5GC(5G core network,5G 核心网)演进;而无线侧网络组成类似,都是由 5G 基站 gNB(next generation nodeB,5G 基站)和 4G 基站 ng-eNB(next generation enodeb,下一代的 4G 基站)组成。

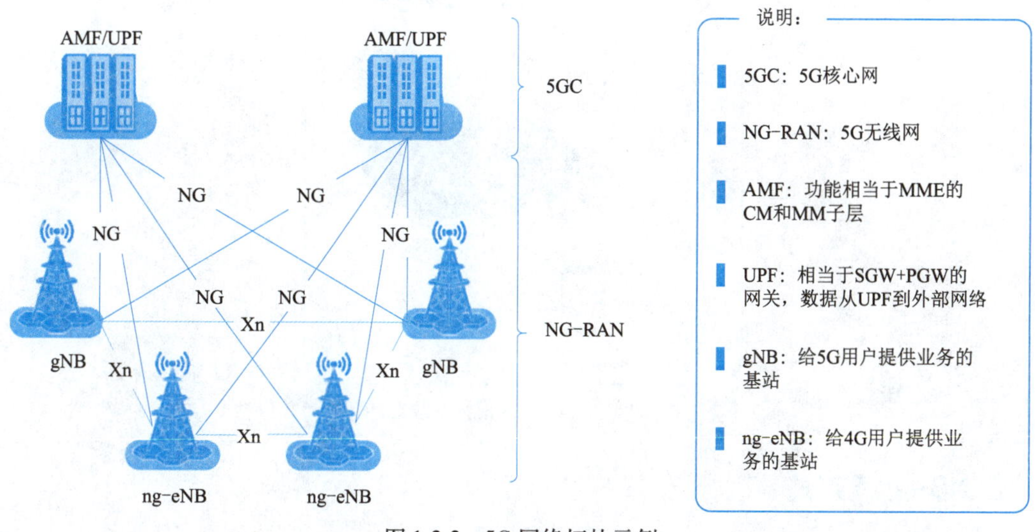

图 1-2-2　5G 网络拓扑示例

NG-RAN:next generation radio access networks,5G 无线网。NG-RAN 里的节点包含两种类型,gNB(5G 基站)和 ng-eNB(下一代的 4G 基站)。

gNB:给 5G 用户提供业务的基站。

ng-eNB：给4G用户提供业务的基站。在4G/5G融合网络部署方式中，4G基站必须升级支持eLTE，和5G核心网对接，这种升级后的4G基站称为ng-eNB，或者称为eLTE eNB。

5GC：它为用户建立可靠、安全的网络连接，并提供对其服务的访问。核心网处理移动网络中的各种基本功能，例如连接性和移动性管理、身份验证和授权、用户数据管理和策略管理等。

AMF：access and mobility management function，接入和移动管理功能，AMF是主要控制手机接入网络、认证手机身份、让手机在各地移动能保持连接的模块，是核心网里的CPU，类似于人的大脑。功能相当于4G核心网中的MME移动性管理实体（mobility management entity）网元的CM连接管理（connection management）和MM移动性管理（mobility management）子层。

UPF：user plane function，用户平面功能，数据从基站到网络的路由转发是它的主要功能，是核心网里唯一的处理数据的模块。剩下的模块都是处理信令的，也就是做网络控制的。5G核心网是彻底的控制面与用户面分离，就是用户面模块仅仅处理数据，控制面模块仅仅负责实现网络管控。

（二）Option2方案

在3GPP关于4G/5G融合网络部署方式中，Option2的方案是独立部署的方案。这种组网方案中，无线侧为5G NR（5G new radio，5G新空口），即无线侧采用5G基站；核心网采用5GC，UE的信令与数据都连接到5G NR，即UE的信令与数据都连接到5G基站gNB。Option2方案如图1-2-3所示。

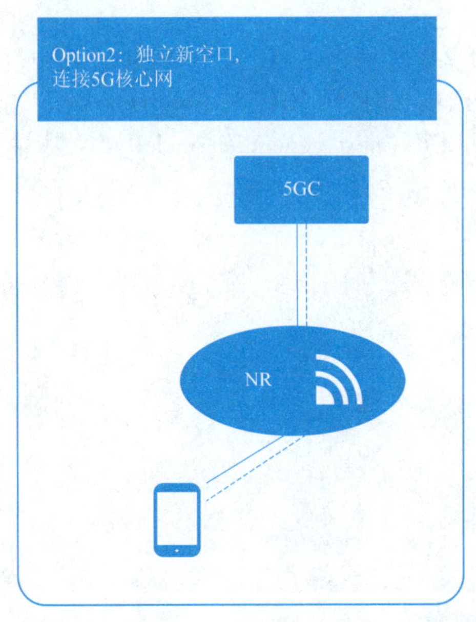

图1-2-3　Option2方案

二、NSA组网方式

NSA非独立组网架构采用4G和5G网络联合组网，在3GPP TR 38.801（3GPP定义的5G系列协议，3GPP TR 38.801定义NR无线接入架构和接口协议）中定义Option3/3a/3x、Option4/4a以及Option7/7a/7x三大类部署架构方案。当前外场NSA场景一般采用Option3x架构。

Option3和Option7都以4G基站作为控制面锚点，即4G基站传输UE和核心网间的控制信令，5G 基站不传输 UE 和核心网间的控制信令，但是 4G 基站和 5G 基站都需要传输用户面数据。

注意：锚点本身的意义在于，船在水里，把锚往水里一扔，船怎么晃悠都会围绕这个锚点移动。这里控制面的锚点，指不管是 4G 基站还是 5G 基站，都由 4G 基站起控制作用，控制面的信令由 4G 基站传输。

Option3 和 Option7 两种方案的区别在于：Option3 基于 4G EPC（evolved packet core，核心分组网演进）部署，核心网采用升级后的 4G 核心网 EPC，基站使用 4G 基站 LTE eNB。Option7 基于 5GC 部署，核心网采用 5GC，基站使用升级后的 4G 基站 eLTE eNB。Option3 和 Option7 方案如图 1-2-4 所示。

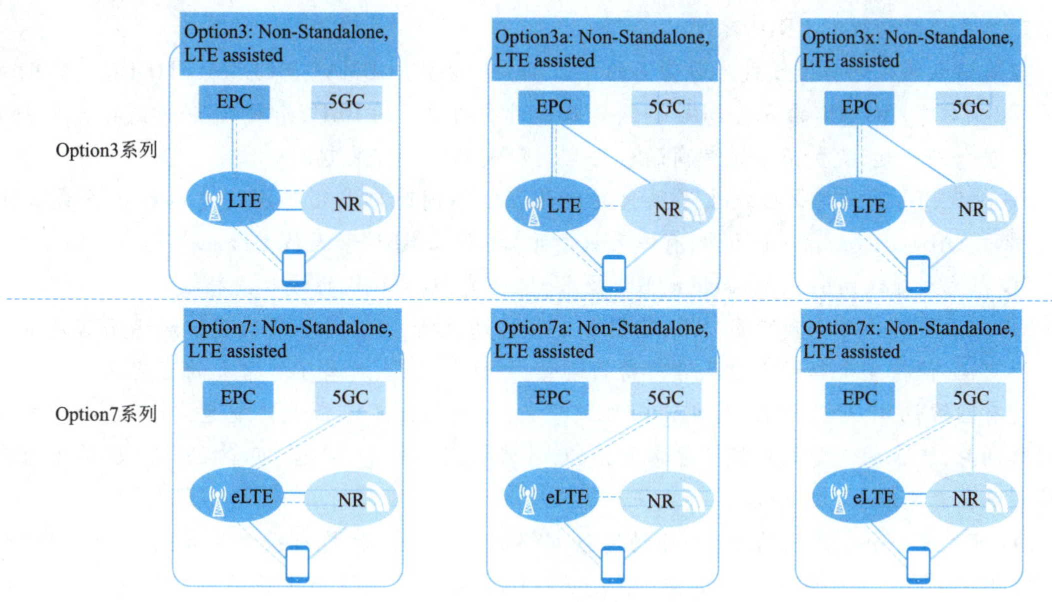

图 1-2-4　Option3 和 Option7 方案

Option3 和 Option7 两种方案的异同点见表 1-2-1。

表 1-2-1　Option3 和 Option7 方案比较

NSA 方案	相同点	不同点
Option3	控制锚点为 4G 基站（4G 基站传输 UE 和核心网间的控制信令）	核心网为升级后的 4G 核心网
Option7		核心网为 5G 核心网

NSA 一般指 Option3。Option3 又包括 Option3、Option3a 和 Option3x 三个子方案。三种子方案的划分依据为数据分流点（即对下行的用户面流量进行分流的位置）。数据分流点根据分流策略决定某些流量通过 4G 基站发送到 UE，某些流量通过 5G 基站发送到 UE。

Option3 的分流点为 4G 基站，即由 eNodeB 按照分流策略将下行流量直接发送给 UE，或 eNodeB 在 PDCP（packet data convergence protocol，分组数据汇聚协议）层将流量分流给 5G 基站 gNB。Option3a 的分流点为核心网，Option3x 的分流点为 5G 基站 gNB。现阶段多数运营商选择 Option3x 进行 5G 组网，这不仅是因为 Option3x 的组网方式更为简单，也因为 Option3x 可以充分释放 5G 基站 gNB 的处理能力。

大开眼界

5G和4G有什么不同？

5G时代，通信网络将会迈向融合。

最早期的2G/3G/4G网络，2G是2G的基站，3G是3G的基站，4G是4G的基站。到了4G时代，开始都变成了BBU(base band unit，射频拉远单元)/RRU，而运营商也有很多的频段，上一个频段，需要上一个新频段的RRU。

到了5G时代，由于运营商的现网制式较多，于是出现了可以集成2G/3G/4G/5G的BBU，也出现了支持全频段的RRU、天线。

极简站点的设计将慢慢成为运营商的主流，支持GSM /CDMA /WCDMA /TD-LTE /FDD - LTE /NB - IOT /5G NR的多模BBU慢慢会取代所有的现网的BBU，而RRU和天线也会将2G/3G/4G整合到一起，更加节省运营商的机房空间和铁塔天线安装空间。

5G时代，5G基站部署也发生了很大的变化，5G不同时期采用不同的基站部署方式。5G基站里的AAU(active antenna unit，有源天线单元)把原来RRU和天线整合在一起。

5G在无线接入网引入Massive mIMO技术，这也是5G eMBB的核心技术之一。

5G由于主要针对垂直行业应用，还引入了网络切片技术，这对于移动通信网络而言是翻天覆地的变化，使得整个移动通信从运营商的运营，到计费模式，都有了非常大的变化。

没有网络切片，运营商上5G将没有任何意义，还是摆脱不了卖卡的命运，而正是由于引入了网络切片，未来的计费模式将是异常复杂的，计费模式和速率、时延、可靠性、连接数等多维度的参数都会息息相关，变化极大。

5G时代是一个智能化的时代，移动通信网络的优化和维护将有很大的变化。由于5G时代，2G/3G/4G/5G混合组网过于复杂，原来的人力运维，人工网络优化的局面将会发生改变，更多的人工智能技术将被引入移动通信网络之中。

任务小结

本任务主要学习了5G移动通信网络架构。5G网络拓扑包括接入网NG-RAN和核心网5GC，NG-RAN里的节点包含两种类型，gNB(5G基站)和ng-eNB(下一代的4G基站)，5GC直接和基站连接的功能包括接入和移动管理功能AMF和用户平面功能UPF。

5G有两种组网模式：独立组网SA和非独立组网NSA。SA组网模式需要新建全套5G基础设施，Option2的方案是独立部署的方案。NSA组网会使用部分4G基础设施，通过4G基站把5G基站接入核心网，Option3/3a/3x、Option4/4a以及Option7/7a/7x方案是非独立部署的方案。

任务三　熟悉5G基站BBU设备

任务描述

本任务主要学习5G基站的BBU设备。通过任务的学习，了解ZXRAN V9200的技术指标，支持的基站基带处理功能、接口功能，学会查看BBU的各种状态指示以及线缆连接。

任务目标

- 了解：BBU设备的产品功能和特点。
- 熟悉：BBU中各单板功能、接口功能和线缆连接。
- 了解：BBU中各单板指示灯状态和功能。
- 了解：BBU设备主要技术指标。

任务实施

中兴的5G基站按照基带与射频分离设计，分为基带设备BBU和射频设备AAU，这两部分互相独立。

BBU是基带处理单元。完成空中接口的基带处理功能（包括编码、复用、调制和扩频等）、与基站控制器的接口功能、对信令的处理功能、提供本地和远程操作维护功能以及基站系统的工作状态监控和告警信息上报功能。

AAU是射频系统单元。完成射频处理、正交调制解调、无线测量及其上报、载波功率控制、接收分集、校正以及同步功能等。

本任务将介绍基带设备ZXRAN V9200的产品功能和特点、硬件和技术指标。

一、产品概述

本小节将介绍ZXRAN V9200的产品定位、产品特点、产品功能、操作维护方式和组网应用。

（一）产品定位

ZXRAN V9200是基于中兴通讯先进的RAN平台的下一代基带处理单元，可以置于中兴通讯多款室内型或室外型基站内，或者与射频拉远单元AAU/RRU连接组成分布式基站，主要负责基带信号处理。

ZXRAN V9200支持GSM/UMTS/Pre5G（Pre5G是介于4G和5G之间的新型演进移动通信技术，可实现基于现有4G网络的平滑演进，有效降低建网成本并实现新一代网络快速部署）和5G单模或者多模配置，使得运营商只需部署一张无线网络，与传统上要建设各自独立的网络相比，可以大大降低运营商建网的CAPEX（capital expenditure，资本性支出）和OPEX（operating expense，营运成本），适应运营商长期演进的低成本策略。

ZXRAN V9200在GSM/UMTS/LTE/Pre5G/5G多模网络中的位置如图1-3-1所示。

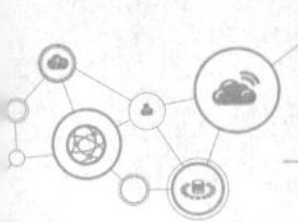

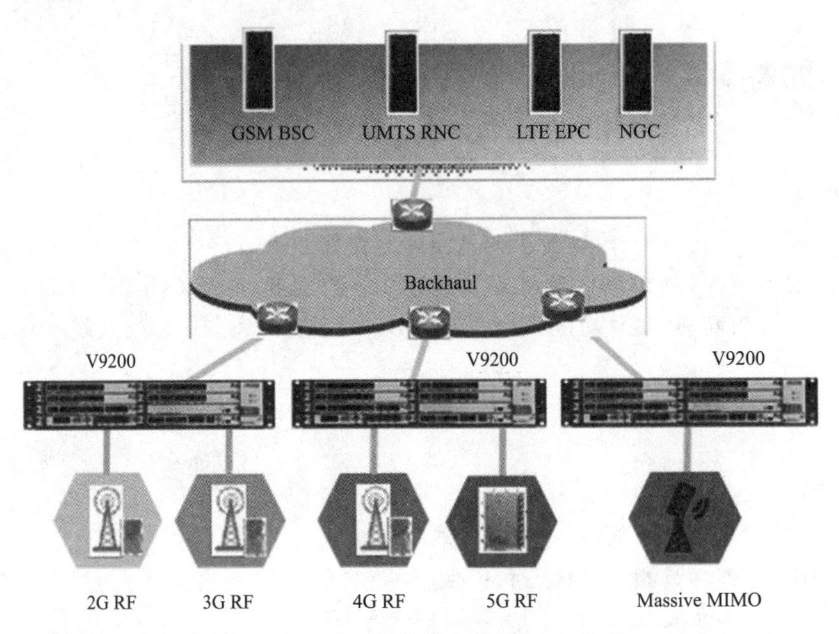

图 1-3-1　ZXRAN V9200 在网络中的位置

ZXRAN V9200 的安装方式可以采用机架安装，也可以集成在宏基站机柜内，连接机柜内的射频模块(RSU)或外接分布式基站的射频拉远单元(RRU/AAU)。机架安装方式如图 1-3-2 所示。

图 1-3-2　V9200 的机架安装方式

(二)产品特点

1. 支持多模平滑演进

ZXRAN V9200 同时支持多种无线接入技术，包括 GSM、UMTS、LTE、Pre5G 和 5G 等，只需要更换相应的单板和软件配置就可以支持从 GSM/UMTS/LTE 到 Pre5G/5G 的平滑演进。

2. 大容量

ZXRAN V9200 单机架支持 90 个 2T2R/2T4R/4T4R/8T8R 20 MHz 小区或 15 个 Massive mIMO 小区，大幅提升频谱利用效率，易于实现网络分阶段部署。当用户数目日益增长，ZXRAN V9200 可通过增加单板扩容支持更多的用户。

3. 环境适应性强

ZXRAN V9200 体积小，19 英寸宽度、2U 高度、18 公斤(满配)的重量和即插即用的设计使它对狭小的空间适应更好。安装灵活，可独立安装，也可挂墙、抱杆安装或者安装在 19 英寸的机架内,降低对机房的要求,提高与其他设备的共站率。

4. 全 IP 架构灵活组网

ZXRAN V9200 采用 IP 交换模式,提供 100GE、40GE、25GE、10GE、GE、FE 接口,满足运营商不同网络环境下和不同传输方式的需要,支持 RRU/AAU 星形和链形组网。

(三)产品功能

ZXRAN V9200 的功能包括:

①支持 GSM/UMTS/LTE/Pre5G/5G 基站基带处理功能。

②支持通用计算和平滑演进到 SDN 和 NFV 功能。

③支持 EMS 网络管理,包括配置管理、故障管理、性能管理、版本管理、通信管理和安全管理。

④支持灵活的安装方式:19 英寸机柜和机架等,各种安装方式下都支持前维护。

⑤支持 -48 V 直流供电。

⑥支持环境监控、告警。

⑦支持本地和远程操作和维护。

⑧支持内置 GNSS 接收机、IEEE1588V2、1PPS + TOD、SyncE、外置 GNSS 接收机和 RRU GNSS 时钟回传等多种时钟同步方式。

(四)操作维护

对 ZXRAN V9200 的操作维护包括远端维护和本地维护。

1. 远端维护

远端维护是由网管系统通过 IP 网等传输网络与 ZXRAN V9200 远端连接,对其进行操作维护的方式,如图 1-3-3 所示。

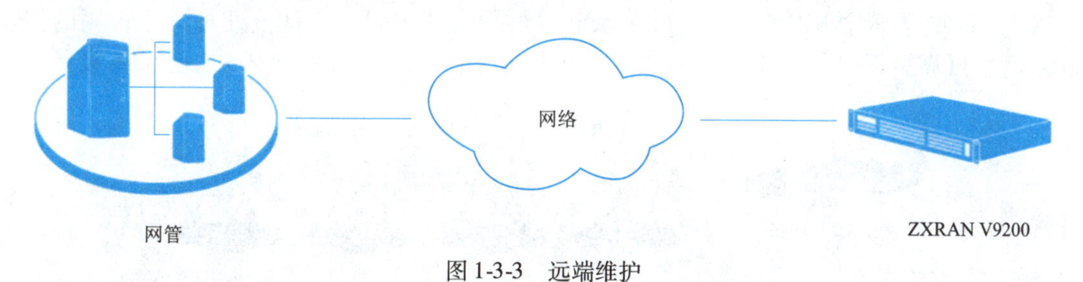

图 1-3-3　远端维护

2. 本地维护

本地维护是由 PC 通过以太网线与 ZXRAN V9200 直接物理相连,对其进行操作维护的方式。如图 1-3-4 所示。

图 1-3-4　本地维护

(五)组网应用

ZXRAN V9200 支持和 RRU/AAU 的星形/链形组网,两者之间通过光纤连接。

①星形组网:每个 RRU/AAU 点对点连接到 ZXRAN V9200。此种组网方式的可靠性较高,但会占用较多的传输资源,适合于用户比较稠密的地区,如图 1-3-5 所示。

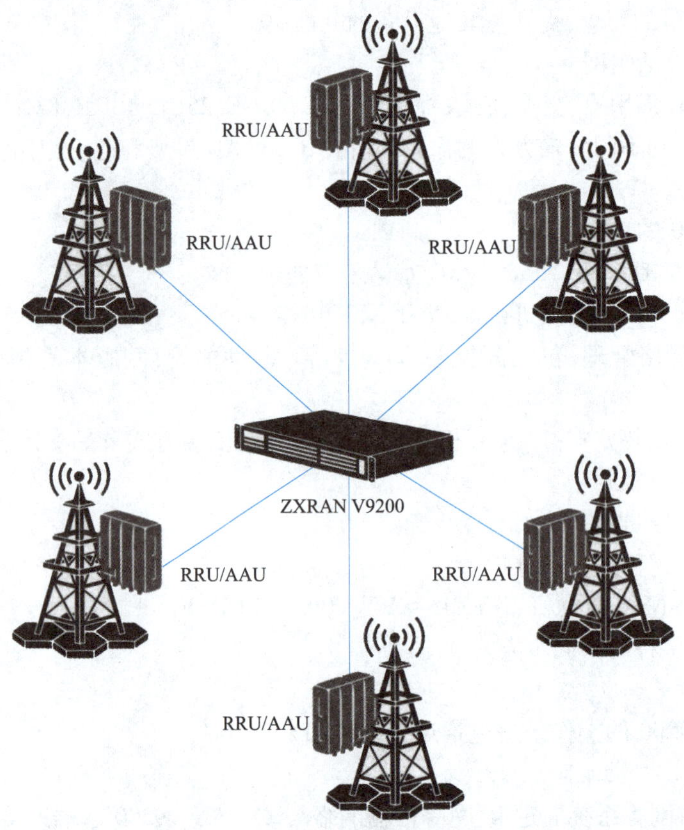

图 1-3-5　星形组网

②链形组网：多个 RRU/AAU 连成一条链后再接入 ZXRAN V9200。此种方式占用的传输资源少，但可靠性不如星形组网，适合于呈带状分布、用户密度较小的地区，如图 1-3-6 所示。

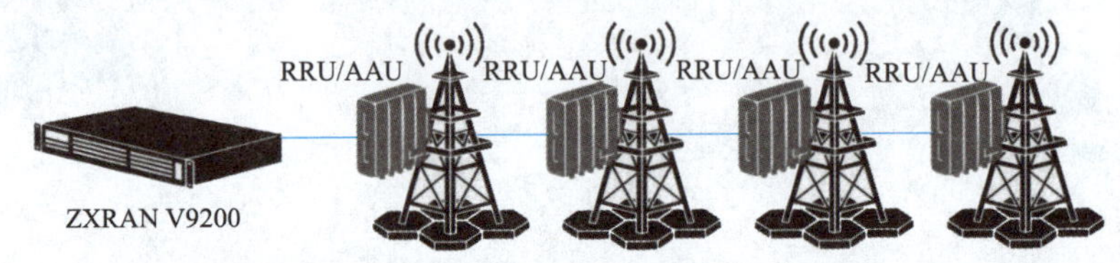

图 1-3-6　链形组网

二、硬件描述

（一）硬件结构

ZXRAN V9200 的外观如图 1-3-7 所示。

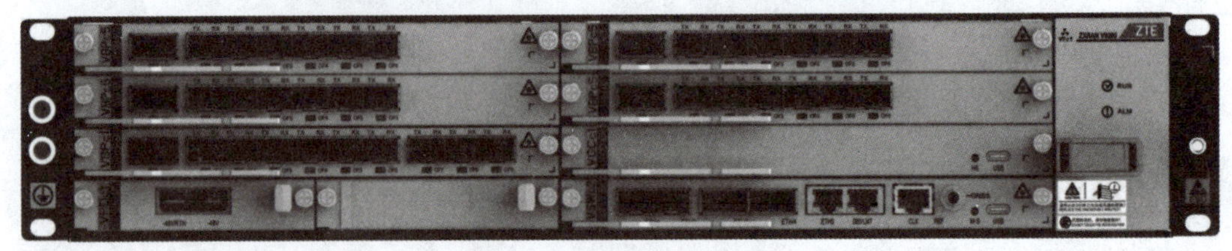

图 1-3-7　ZXRAN V9200 外观

ZXRAN V9200 上可以安装各种不同的单板，单板槽位配置如图 1-3-8 所示。

<table>
<tr><td colspan="2">VBP/VGC　SLOT8</td><td>VBP/VGC　SLOT4</td><td rowspan="4">VF
SLOT14</td></tr>
<tr><td colspan="2">VBP/VGC　SLOT7</td><td>VBP/VGC　SLOT3</td></tr>
<tr><td colspan="2">VBP/VGC　SLOT6</td><td>VBP/VGC　SLOT2</td></tr>
<tr><td>VPD　SLOT5</td><td>VPD/VEM　SLOT13</td><td>VSW　SLOT1</td></tr>
</table>

图 1-3-8　ZXRAN V9200 单板槽位配置

（二）单板

ZXRAN V9200 的单板包括交换板、基带处理板、通用计算板、环境监控板、电源分配板和风扇模块。ZXRAN V9200 单板见表 1-3-1。

表 1-3-1　ZXRAN V9200 单板

单板丝印	单板名称
VSWc1	交换板 c1（switch board type c1）
VSWc2	交换板 c2（switch board type c2）
VBPc1	基带处理板 c1（baseband processing board type c1）
VBPc5	基带处理板 c5（baseband processing board type c5）
VGCc1	通用计算板 c1（general computing board type c1）
VEMc1	环境监控板 c1（environment monitoring board type c1）
VPDc1	电源分配板 c1（power distribution board type c1）
VFC1	风扇模块 c1（fan array module type c1）

1. VSWc1 单板

VSWc1 是虚拟化交换板，主要实现基带单元的控制管理、以太网交换、传输接口处理、系统时钟的恢复和分发及空口高层协议的处理，功能如下：

①完成 LTE 控制面和业务面协议处理，包括 S1AP、X2AP、RRC、PDCP 等。

②以太网交换功能，实现系统内业务和控制流的数据交换功能。

③Abis/Iub/S1/X2 接口协议处理。

④软件版本管理，并提供本地和远端软件升级支持。

⑤监控基站系统，监控系统内运行板件的运行状态。

⑥提供 LMT 接口，实现本地操作维护功能。

⑦提供 GPS 天馈信号接口并对 GPS 接收机进行管理。

⑧和外部基准时钟进行同步，包括 GNSS、IEEE1588V2、1PPS + TOD、SyncE 和 RRU GNSS，可根据实际需要选择相应的时钟源。

⑨为系统操作和维护提供统一基准时钟，实时时钟可以进行校准。

⑩读取系统中硬件的管理信息，包括机架号码、后台类型号、槽位号、板件类型号、板件版本号和板件功能配置信息。

⑪支持 VSW 单板的热备份。

⑫提供 USB 接口用于软件升级和自动开站。

VSWc1 面板如图 1-3-9 所示。

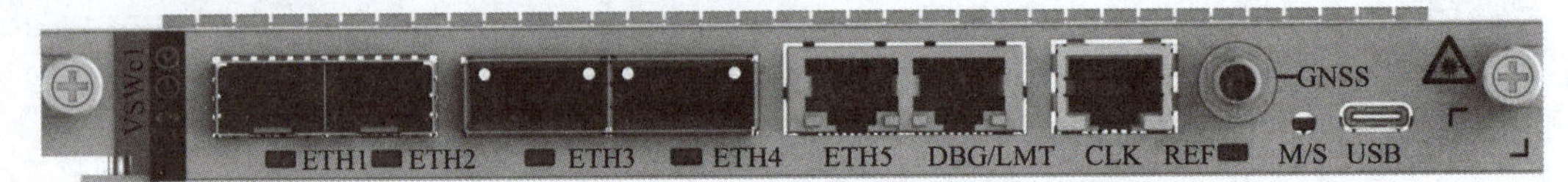

图 1-3-9　VSWc1 面板

VSWc1 面板各接口说明见表 1-3-2。

表 1-3-2　VSWc1 面板各接口说明

接口名称	说明
ETH1 - ETH2	10/25 Gbit/s SFP+/SFP28 光接口,用于连接传输系统
ETH3 - ETH4	40/100 Gbit/s QSFP+/QSFP28 光接口,用于实现站间协同
ETH5	1GE 电接口,用于连接传输系统
DBG/LMT	用于调试或本地维护的以太网接口,该接口为 10M/100M/1000M 自适应电接口
CLK	用于引入或输出 1PPS+TOD 时钟信号
GNSS	用于连接 GNSS 天线
USB	用于软件升级和自动开站
M/S	维护和主板倒换按钮

VSWc1 面板指示灯说明见表 1-3-3。

表 1-3-3　VSWc1 面板指示灯说明

指示灯	丝印图标	颜色	含义	说明
RUN		绿色	运行指示灯	常亮:加载运行版本 慢闪:单板运行正常 快闪:外部通信异常 灭:无电源输入
ALM		红色	告警灯	亮:硬件故障 灭:无硬件故障
M/S		绿色	NTF 自检触发指示灯 主备状态灯 USB 开站状态指示灯	NTF 自检触发: 快闪:系统自检 慢闪:系统自检完成,重新按 M/S 按钮,恢复正常工作
				主备状态指示: 常亮:激活状态 常灭:备用状态
				USB 开站状态: 慢闪 7 次:检测到 USB 插入 快闪:USB 读取数据中 慢闪:USB 读取数据完成 常灭:USB 校验不通过
REF	—	绿色	时钟锁定指示灯	常亮:参考源异常 慢闪:0.3 s 亮,0.3 s 灭,天馈工作正常 常灭:参考源未配置

续表

指示灯	丝印图标	颜色	含义	说明
ETH1-ETH2	—	红绿双色	绿色:高层链路状态指示	亮:表示链路正常 闪:表示链路正常并且有数据收发 灭:无链路
			红色:底层物理链路指示	亮:光模块故障 慢闪:光模块接收无光 快闪:光模块有光但链路异常 灭:光模块在位/未配置
ETH3-ETH4	—	红绿双色	红色	亮:表示链路正常 闪:端口 Link 正常有数据收发
			绿色	亮:光模块故障 慢闪:光模块接收无光 快闪:模块每个通道都有光,但是有一 linkDown
			常灭	光模块不在位或未配置
ETH5	—	绿色	左:链路状态指示	亮:表示端口底层链路正常 灭:表示端口底层链路断开
			右:数据状态指示	灭:表示无数据收发 闪:表示有数据传输
DBG/LMT	—	绿色	左:链路状态指示	亮:表示端口底层链路正常 灭:表示端口底层链路断开
			右:数据状态指示	灭:表示无数据收发 闪:表示有数据传输

2. VSWc2 单板

VSWc2 是虚拟化交换板,主要功能与 VSWc1 单板基本一样,区别在于 VSWc1 单板完成 LTE 控制面和业务面协议处理,包括 S1AP、X2AP、RRC、PDCP 等。而 VSWc2 单板完成 LTE 控制面和业务面协议以及5G 传输转发面处理,包括 S1AP、X2AP、RRC、PDCP 等或完成5G 控制面和业务面协议处理,传输转发处理。

VSWc2 面板如图 1-3-10 所示。

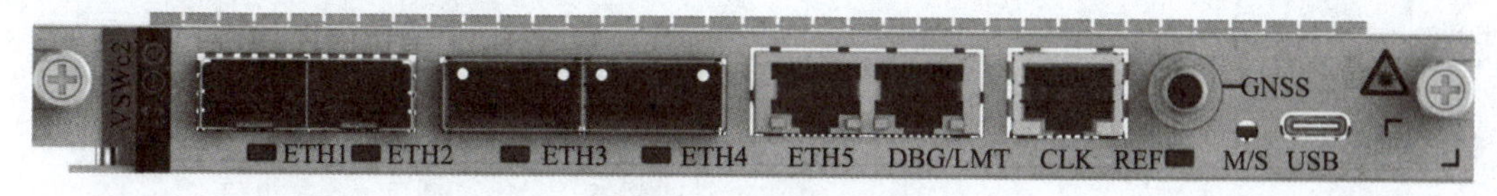

图 1-3-10　VSWc2 面板

VSWc2 面板各接口和面板指示灯功能与 VSWc1 一样,可以参考 VSWc1 面板各接口说明和 VSWc1 面板指示灯说明。

3. VBPc1 单板

VBPc1 板是基带处理板,用来处理物理层的协议和 3GPP 定义的 2G/3G/4G/5G 协议,功能如下:

①实现物理层处理等。

②提供上行/下行 I/Q 信号。

③实现 MAC、RLC 和 PDCP 协议。

VBPc1 面板如图 1-3-11 所示。

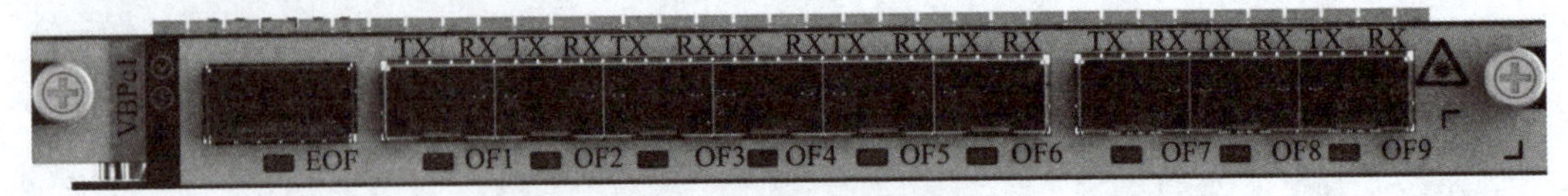

图 1-3-11　VBPc1 面板

VBPc1 面板接口说明见表 1-3-4。

表 1-3-4　VBPc1 面板接口说明

接口名称	说明
EOF	40/100 Gbit/s QSFP+/QSFP28 接口，保留
OF1-OF6	10/25 Gbit/s SFP+/SFP28 接口，用于连接 RRU、AAU
OF7-OF9	10 Gbit/s SFP+接口，用于连接 RRU、AAU

VBPc1 面板指示灯说明见表 1-3-5。

表 1-3-5　VBPc1 面板指示灯说明

指示灯	丝印图标	颜色	含义	说明
RUN		绿色	运行指示灯	常亮：加载运行版本 慢闪：单板运行正常 快闪：外部通信异常 灭：无电源输入
ALM		红色	告警灯	亮：硬件故障 灭：无硬件故障
EOF	—	红绿双色	绿色：高层链路状态指示	亮：表示链路正常 闪：端口 Link 正常有数据收发 灭：光模块不在位或未配置
			红色：底层物理链路指示	亮：光模块故障 慢闪：光模块接收无光 快闪：模块每个通道都有光，但是有一个 linkDown 灭：光模块不在位或未配置
OF1-OF9	—	红绿双色	绿色：高层链路状态指示	闪：表示链路正常 灭：光模块不在位或未配置
			红色：底层物理链路指示	亮：光模块故障 慢闪：光模块接收无光 快闪：光模块有光但帧失锁 灭：光模块不在位或未配置

VBPc1 单板的容量指标见表 1-3-6。表中的指标均为单板最高性能指标，实际以合同配置软件许可为准。

表 1-3-6　VBPc1 单板的容量指标

制式	指标
GSM	108 载频
UMTS	27 载频
NB-IoT(窄带物联网,(Narrow Band Internet of Things,NB-IoT))	36 载频
FDD LTE	18×2T2R/2T4R/4T4R 20 MHz 小区
TD-LTE	18×2T2R/4T4R/8T8R 20 MHz 小区
FDD LTE + TDD LTE	12×FDD LTE Cells + 6×TDD LTE 小区 6×FDD LTE Cells + 12×TDD LTE 小区
Massive MIMO	3×64T64R 20 MHz 小区

4. VBPc5 单板

VBPc5 单板是基带处理板,用来处理物理层的协议和 3GPP 定义的 5G 协议,功能如下:

①实现物理层处理。

②提供上行/下行 I/Q 信号。

③实现 MAC、RLC 和 PDCP 协议。

VBPc5 面板如图 1-3-12 所示。

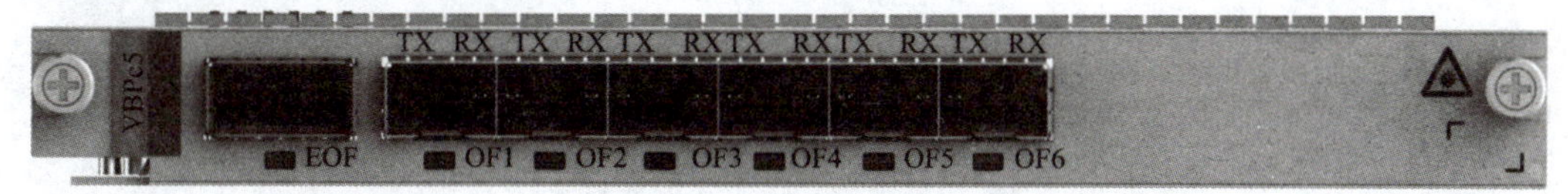

图 1-3-12　VBPc5 面板

VBPc5 面板接口说明见表 1-3-7。

表 1-3-7　VBPc5 面板接口说明

接口名称	说明
EOF	40/100 Gbit/s QSFP+/QSFP28 接口,保留
OF1-OF6	10/25 Gbit/s SFP+/SFP28 接口,用于连接 RRU、AAU

VBPc5 面板指示灯说明功能与 VBPc1 一样,可以参考 VBPc1 面板指示灯说明。

VBPc5 单板的容量指标见表 1-3-8。表中的指标均为单板最高性能指标,实际以合同配置软件许可为准。

表 1-3-8　VBPc1 单板的容量指标

制式	指标
5G 低频	3×64T64R 100M 小区
5G 低频	3×16T16R 100M 小区
5G 高频	6×4T4R 400M 小区
SUB1G	6×2T2R/2T4R/4T4R 20M 小区

5. VGCc1 单板

VGCc1 单板是虚拟化通用计算板,可用作移动边缘计算(MEC)、应用服务器、缓存中心等。VGCc1 面板如图 1-3-13 所示。

图 1-3-13　VGCc1 面板

VGCc1 面板接口说明见表 1-3-9。

表 1-3-9　VGCc1 面板接口说明

接口名称	说明
USB	用于软件下载和本地调试
HS	VGC 单板 CPU 维护按钮,保留

VGCc1 面板指示灯说明见表 1-3-10。

表 1-3-10　VGCc1 面板指示灯说明

指示灯	丝印图标	颜色	含义	说明
RUN	✓	绿色	运行指示灯	常亮:加载运行版本 慢闪:单板运行正常 快闪:外部通信异常 灭:无电源输入
ALM	!	红色	告警灯	亮:硬件故障 灭:无硬件故障

6. VEMc1 单板

VEMc1 单板是虚拟化环境监控板,功能如下:

①支持 12 路干接点,4 路双向,8 路输入。

②支持 1 路全双工或半双工 RS-485 监控接口。

③支持 1 路 RS-232 监控接口。

VEMc1 面板如图 1-3-14 所示。

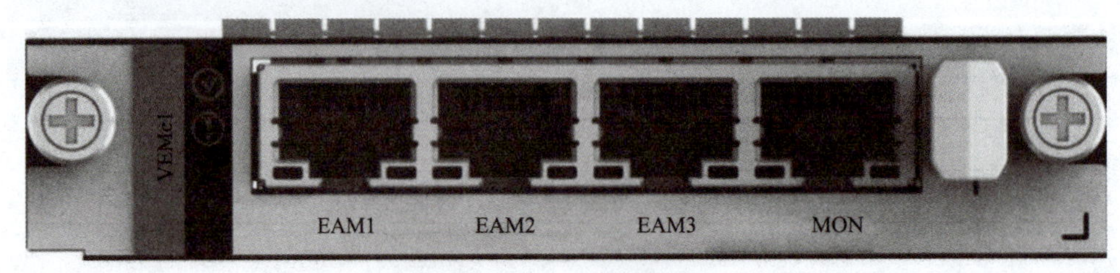

图 1-3-14　VEMc1 面板

VEMc1 面板接口说明见表 1-3-11。

表 1-3-11 VEMc1 面板接口说明

接口名称	说明
EAM1	RJ-45 接口，提供 4 个输入/输出双向干接点
EAM2-EAM3	RJ-45 接口，每个提供 4 个输入干接点
MON	提供 1 路全双工或半双工 RS-485 和 1 路 RS-232，用于环境监控

VEMc1 面板指示灯说明见表 1-3-12。

表 1-3-12 VEMc1 面板指示灯说明

指示灯	丝印图标	颜色	含义	说明
RUN		绿色	运行指示灯	常亮：加载运行版本 慢闪：单板运行正常 快闪：外部通信异常 灭：无电源输入
ALM		红色	告警灯	亮：硬件故障 灭：无硬件故障

7. VPDc1 单板

VPDc1 单板是虚拟化电源分配板，功能如下：

①实现 -48 V 直流输入电源的防护、滤波、防反接，额定电流 50 A。

②输出支持 -48 V oring 功能，支持主备功能。

③支持欠压告警，支持电压和电流监控。

④支持温度监控。

VPDc1 面板如图 1-3-15 所示。

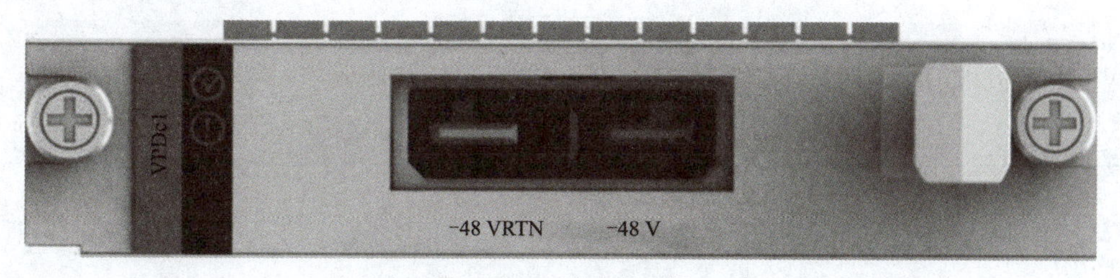

图 1-3-15 VPDc1 面板

VPDc1 面板接口说明见表 1-3-13。

表 1-3-13 VPDc1 面板接口说明

接口名称	说明
-48 V/ -48 VRTN	-48 V 输入接口

VPDc1 面板指示灯说明见表 1-3-14。

表 1-3-14　VPDc1 面板指示灯说明

指示灯	丝印图标	颜色	含义	说明
PWR		绿色	-48 V 电源模块状态指示灯	常亮:电源正常工作 灭:无电源接入
ALM		红色	-48 V 电源模块告警灯	灭:无故障 常亮:输入过压、输入欠压

8. VFC1 单板

VFC1 是风扇模块,主要功能如下:

①系统温度的检测控制。

②风扇状态监测、控制与上报。

VFC1 面板如图 1-3-16 所示。

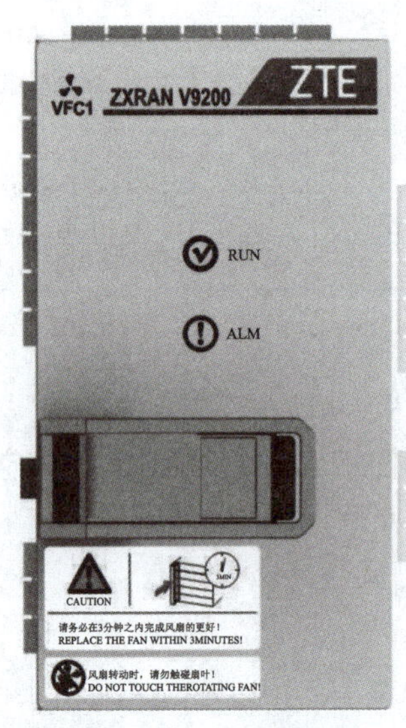

图 1-3-16　VFC1 面板

VFC1 面板指示灯说明见表 1-3-15。

表 1-3-15　VFC1 面板指示灯说明

指示灯	丝印图标	颜色	含义	说明
RUN		绿色	运行指示灯	常亮:加载运行版本 慢闪:单板运行正常 快闪:外部通信异常 灭: 无电源输入
ALM		红色	告警灯	亮:硬件故障 灭:无硬件故障

(三)线缆

1. 电源线缆

电源线用于将外部 -48 V 直流电源接入 ZXRAN V9200。

电源线缆的外观如图 1-3-17 所示。

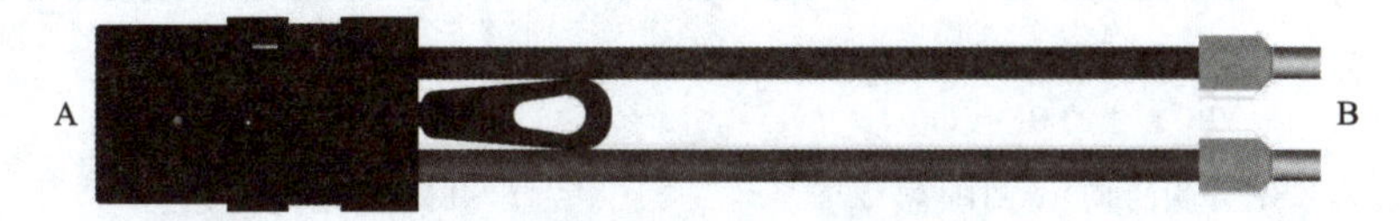

图 1-3-17　电源线缆的外观

电缆信号关系见表 1-3-16。

表 1-3-16　电缆信号关系

名称	A 端引脚	B 端引脚
-48 V RTN	1	红色线缆
-48 V	2	蓝色线缆

电源线缆连接关系见表 1-3-17。

表 1-3-17　电源线缆连接关系

A 端	B 端
VPDc1 单板的-48 V/-48 VRTN 接口	外部电源设备

2. 接地线缆

接地线缆用于连接 ZXRAN V9200 的接地口与地网，提供对设备以及人身安全的保护。

接地线缆为 16 mm^2 黄绿线缆，接地线缆的 B 端需要根据现场需求制作。接地线缆外观如图 1-3-18 所示。

图 1-3-18　接地线缆外观

接地线缆的接线关系见表 1-3-18。

表 1-3-18　接地线缆的接线关系

A 端	B 端
ZXRAN V9200 机箱上的保护地接口	14U 机框上的接地点

3. 光纤

ZXRAN V9200 在系统中，光纤有如下用途：

①作为 ZXRAN V9200 与 RRU/AAU 的连接线缆。

②作为 ZXRAN V9200 与 BBU 的连接线缆。

③作为 ZXRAN V9200 系统与核心网之间的传输线缆。

ZXRAN V9200 使用单芯光纤，两端均为 LC 型连接器，外观如图 1-3-19 所示。

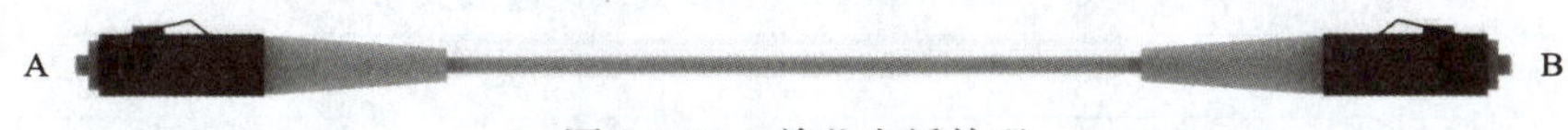

图 1-3-19　单芯光纤外观

光纤的接线关系见表 1-3-19。

表 1-3-19 光纤的接线关系

A 端	B 端
VBP 单板的 OF 接口	RRU、AAU
VSW 单板的 ETH1-ETH4 接口	BBU/核心网的光接口

4. 1PPS + TOD 时钟源线缆

1PPS + TOD 时钟源线缆用于 ZXRAN V9200 与外部 1PPS + TOD 时钟连接。

1PPS + TOD 时钟源线缆的外观如图 1-3-20 所示。

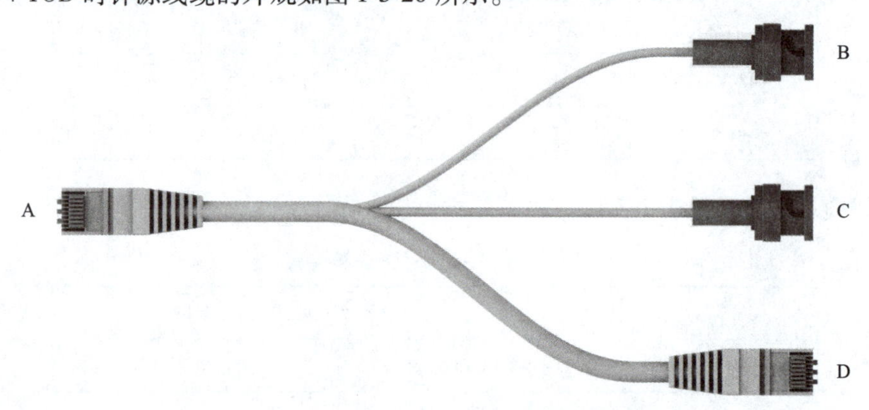

图 1-3-20 1PPS + TOD 时钟源线缆的外观

1PPS + TOD 时钟源线缆的接线关系见表 1-3-20。

表 1-3-20 1PPS + TOD 时钟源线缆的接线关系

A 端	B 端
VSW 单板的 CLK 接口	外部 1PPS + TOD 时钟接口

5. 1PPS 和 10M 测试线缆

1PPS 和 10M 测试线缆用于 ZXRAN V9200 与外部测试仪器时钟接口的连接。

1PPS 和 10M 测试线缆的外观如图 1-3-21 所示。

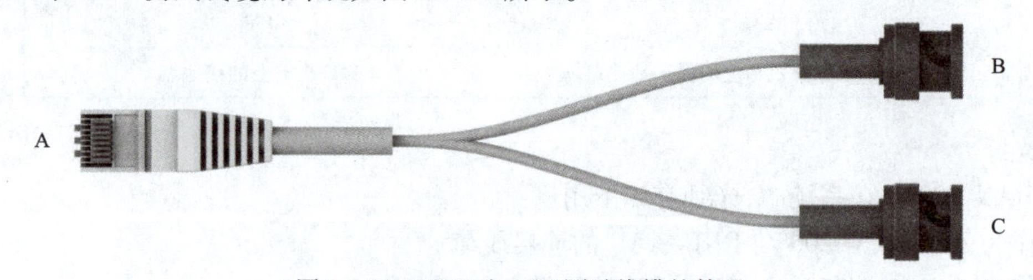

图 1-3-21 1PPS 和 10M 测试线缆的外观

1PPS 和 10M 测试线缆的接线关系见表 1-3-21。

表 1-3-21 1PPS 和 10M 测试线缆的接线关系

A 端	B 端
VSW 单板的 CLK 接口	外部测试仪器时钟接口

6. GPS 射频线缆

GPS 射频线缆用于 ZXRAN V9200 VSW 单板 GNSS 接口和 GPS 防雷器的连接。

GPS 射频线缆外观如图 1-3-22 所示。

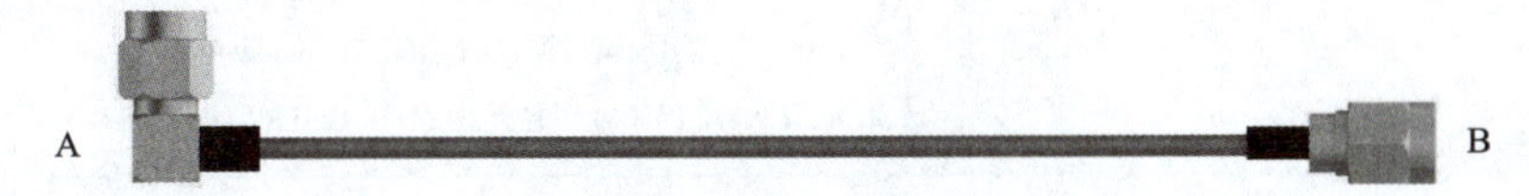

图 1-3-22　GPS 射频线缆外观

GPS 射频线缆的接线说明见表 1-3-22。

表 1-3-22　GPS 射频线缆的接线说明

A 端	B 端
VSW 单板的 GNSS 接口	GPS 防雷器

三、技术指标

本小节将介绍 ZXRAN V9200 的物理指标、容量指标、功耗指标、可靠性指标、工作电源指标和工作环境要求。

(一)物理指标

ZXRAN V9200 的物理指标见表 1-3-23。

表 1-3-23　ZXRAN V9200 的物理指标

项目	指标
尺寸	含侧耳:88.4 mm×482.6 mm×370 mm(高×宽×深) 不含侧耳:88.4 mm×445 mm×370 mm(高×宽×深)
重量	18 kg(满配)

(二)容量指标

ZXRAN V9200 的容量指标见表 1-3-24。以下指标均为硬件最大容量,实际容量以合同配置逻辑实体为准。

表 1-3-24　ZXRAN V9200 的容量指标

制式	容量
GSM	540 载频
UMTS	180 载扇
NB－IoT	180 载频
FDD LTE	90×2T2R/2T4R/4T4R 20 MHz 小区
TDD－LTE	90×2T2R/4T4R/8T8R 20 MHz 小区
FDD LTE＋TDD－LTE	60×FDD LTE 小区＋30×TDD－LTE 小区 30×FDD LTE 小区＋60×TDD－LTE 小区
Massive mIMO	15×64T64R 20 MHz 小区

续表

制式	容量
5G	15 ×64T64R ×100 MHz Cells(5G SUB6G) 30 ×4T4R ×400 MHz Cells(5G mmWAVE) 30 ×2T2R/2T4R/4T4R ×20 MHz Cells(5G SUB1G)

(三)功耗指标

功耗的多少取决于单板配置和外界温度。ZXRAN V9200 在常温(25 ℃)典型配置状态下功耗指标见表 1-3-25。

表 1-3-25　ZXRAN V9200 功耗指标

配置	功耗
1 × VSWc1 +1 × VBPc1	280 W
1 × VSWc1 +3 × VBPc1	600 W
1 × VSWc1 +5 × VBPc1	940 W
1 × VSWc1 +1 × VBPc5 +1 × VGCc1	520 W
1 × VSWc1 +3 × VBPc5 +1 × VGCc1	1 100 W
1 × VSWc1 +5 × VBPc5 +1 × VGCc1	1 650 W

(四)可靠性指标

ZXRAN V9200 的可靠性指标见表 1-3-26。

表 1-3-26　ZXRAN V9200 的可靠性指标

项目	指标
平均故障间隔时间(MTBF)	≥280 000 小时
平均故障修复时间(MTTR)	0.5 小时
可靠性	≥99.999 821%
停机时间	≤0.939 分/年

(五)工作电源指标

ZXRAN V9200 的工作电源指标见表 1-3-27。

表 1-3-27　ZXRAN V9200 的工作电源指标

项目	指标
集成电源模块	DC: -48 V(-57 V ~40 VDC)

(六)工作环境要求

ZXRAN V9200 的工作环境要求见表 1-3-28。

表 1-3-28　ZXRAN V9200 的工作环境要求

项目	指标
环境温度	-20 ~ +55 ℃
环境湿度	5% ~95%
防水防尘等级	IP20
发射和抗扰性	ETSI EN 300 386 ETSI TS 125 113
接地要求	用于安装 ZXRAN V9200 的机房接地电阻应≤5 Ω 对于年雷暴日小于 20 日的少雷区，接地电阻可小于 10 Ω
机械振动	ETSI 300019 -1 -4 ClassM4.1

大开眼界

5G 的 BBU 为什么重构为 CU/DU 形式?

从模拟通信到数字通信，从文字传输、图像传输再到视频传输，移动通信技术极大地改变了人们的生活方式。前四代移动通信网络技术只是专注于移动通信，而 5G 在此基础上还包括了低时延高可靠和海量物联网的应用场景。

面对更加丰富的业务应用，5G 不只是简单地升级了技术，而是对整体通信网络架构进行了变革：核心网侧 UP/CP(用户面/控制面)分离，将用户面抽象出来下沉到距离站点更近的位置，满足低时延业务需求；无线侧 BBU 分离为 CU/DU(分布单元/集中单元)，把非实时功能和实时功能分离。为了满足多种多样的网络计算需求，5G 将更多的使用云化及网络虚拟化(在一台硬件设备上虚拟出多台设备)等软件技术。

2G/3G 向 4G 的架构变革中撤销了 BSC/RNC，基站直接连接核心网，构建扁平化网络，带来了时延的降低。4G 网络扁平化同时也带来了一些问题，尤其是站间信息交互的低效。基站数量多了之后，每个基站都要独立和周围的基站建立连接交换信息，如果数量更多的话，连接数将呈指数级增长。这个问题导致了 4G 基站间干扰难以协同，或者说因为协同需要消耗掉大量资源。而 2G 和 3G 网络架构，因为有中心控制器这个中心节点存在，所有基站的信息一目了然。

随着 AAS(有源天线系统)技术的成熟，5G 基站首先把 BBU 的一部分物理层处理功能下沉到 RRU，RRU 和天线结合成为 AAU；然后再把 BBU 拆分为 CU 和 DU，同时 CU 还融合了一部分从核心网下沉的功能，作为集中管理节点存在。CU/DU 分离的初衷，就是为了希望可以通过该架构利用一个 CU 来控制多个 DU，实现基带处理资源的共享。

CU/DU 具有多种切分方案，不同切分方案的适用场景和性能增益均不同，同时对前传接口的带宽需求、传输时延、同步等参数有很大差异。

任务小结

本任务主要学习了 5G 基站的 BBU 设备。BBU 是基带处理单元，ZXRAN V9200 是基于中兴通讯先进的 RAN 平台的下一代基带处理单元。ZXRAN V9200 支持 GSM/UMTS/LTE/Pre5G/5G 基站基带处理功能，单机架支持 90 个 2T2R/2T4R/4T4R/8T8R 20 MHz 小区或 15 个 Massive

MIMO 小区，提供 100GE、40GE、25GE、10GE、GE、FE 接口。

ZXRAN V9200 的单板包括交换板、基带处理板、通用计算板、环境监控板、电源分配板和风扇模块。交换板主要实现基带单元的控制管理、以太网交换、传输接口处理、系统时钟的恢复和分发及空口高层协议的处理；基带处理板用来处理物理层的协议和 3GPP 定义的 2G/3G/4G/5G 协议；通用计算板用作移动边缘计算（MEC）、应用服务器、缓存中心等；环境监控板主要负责基站和外部环境监控；电源分配板提供电源输入和电压及电流监控等功能；风扇模块主要负责系统温度的检测控制。关于 BBU 的单板，要求掌握个单板功能、接口功能和线缆连接。

任务四　熟悉 5G 基站 AAU 设备

任务描述

本任务主要学习 5G 基站的 AAU 设备。通过本任务的学习，掌握中兴的 ZXRAN A9611A S26 和 ZXRAN A9815 S26 设备的技术指标及功能特点，学会查看 AAU 的各种状态指示以及线缆连接。

任务目标

- 了解：AAU 设备的产品功能和特点。
- 熟悉：AAU 的接口功能和线缆连接。
- 了解：AAU 指示灯状态和功能。
- 了解：AAU 设备主要技术指标。

任务实施

AAU 是射频系统单元，集成天线、射频于一体，与 BBU 一起构成 5G NR 基站。完成射频处理、正交调制解调、无线测量及其上报、载波功率控制、接收分集、校正以及同步功能等。

本任务将介绍射频设备 ZXRAN A9611A S26 和 ZXRAN A9815 S26 的产品特点和结构、硬件描述和技术指标。

一、ZXRAN A9611A S26

下面介绍 ZXRAN A9611A S26 的产品特点和结构、硬件描述和技术指标。

（一）产品概述

1. 产品定位

ZXRAN A9611A S26 是中兴通讯研发的面向 5G 移动通信的一体化基站。ZXRAN A9611A S26 一体化基站是集成天线、中频、射频的一体化形态的 AAU 设备，与 BBU 一起构成 5G NR 基站。

ZXRAN A9611A S26 的外观如图 1-4-1 所示。

图 1-4-1　ZXRAN A9611A S26 的外观

ZXRAN A9611A S26 在网络中的位置如图 1-4-2 所示。

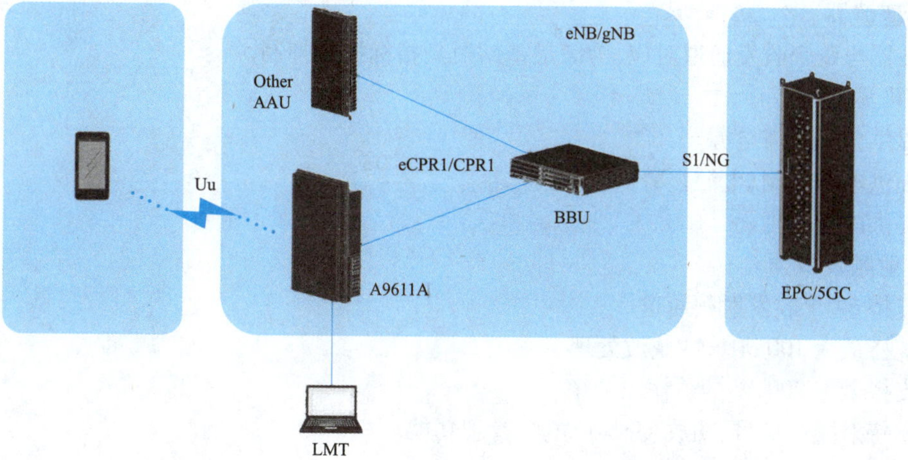

图 1-4-2　ZXRAN A9611A S26 在网络中的位置

2. 产品特点

ZXRAN A9611A S26 具有如下特点：

①统一平台、平滑演进。使用统一的 SDR 平台，便于运营商平滑升级，降低成本。采用 BBU-AAU 分布式基站架构，BBU 可平滑从 4G 向 5G 演进。BBU 可以集中放置，支持 C-RAN、D-RAN。

②大容量、高功率。ZXRAN A9611A S26 最大支持 100 MHz TD-LTE 载波，兼顾运营商对频谱及频谱效率的需求。ZXRAN A9611A S26 最大输出功率 200 W，满足 3 载波大容量宏蜂窝功率需求。

③一体化结构体积小、重量轻、散热好、安装简单快速。ZXRAN A9611A S26 采用一体化紧凑型设计，集射频、天线于一体化。外形尺寸紧凑，重量 45 kg，支持抱杆安装，可利用传统宏站站址建站，一体化安装，无馈缆连接，仅需要连接电源和光纤。

④高效节能。ZXRAN A9611A S26 大规模天线阵列能够在不降低用户感知的基础上，降低发射功率，提高功率效率。同时采用多种高效功放技术，包括波峰因子消减（CFR，crest factorreduction）、数字预失真（DPD，digital pre-distortion）和 Doherty 技术，功放效率高。支持时隙节电和调压节电等节能技术，有效节约能耗。采用自然散热设计，节能、无噪声。

⑤智能天线抗干扰。ZXRAN A9611A S26 采用 Massive mIMO/3D-MIMO 技术，支持 64 个天线单元组，针对不同的应用场景，使用优化的适合于不同场景的天线赋形权值，大幅度提升赋形增益和性能，降低干扰，增加容量，提升用户体验。

⑥兼容 R8/R9 终端。ZXRAN A9611A S26 基站设备，前向兼容 R8/R9 终端，能够使得现有 4G 用户提前享受接近 5G 的超高速率服务。

⑦多场景部署。ZXRAN A9611A S26 支持宏覆盖场景、大容量密集市区覆盖场景、高楼覆盖场景，采用不同天线赋型的权值，适应多场景部署。

3. 硬件架构

ZXRAN A9611A S26 由天线、滤波器、射频及中频、电源、结构几个部分组成。

（1）天线模块

①包括 192 个天线振子，分为 64 个单元组。

②提供 64 路校准耦合网络。

(2)滤波器

滤波器与每个收发通道对应,为满足基站射频指标提供抑制。

(3)电源模块

①提供整机所需电源。

②提供电源控制,电源告警,功耗上报。

③提供内置防雷。

(4)射频及中频

①支持 64 个收发射频通道。

②支持最大 100 MHz 的载波处理。

③支持最大 200 W 的总输出功率。

④支持射频小信号、功放、低噪放电源管理功能。

⑤模块温度监控功能。

⑥支持 1×25G 新 CPRI 接口。

⑦支持 2×100G CPRI 接口。

⑧4 路 Ir 口信号光电转换。是 Ir 口、BBU 与 RRU 之间的接口。

(5)结构模块

①提供整机及模块的防护、散热、安装。

②前部采用塑胶天线罩,保证电磁波正常辐射,同时提供整机及天线的防护。

4. 软件结构

ZXRAN A9611A S26 的软件结构如图 1-4-3 所示。

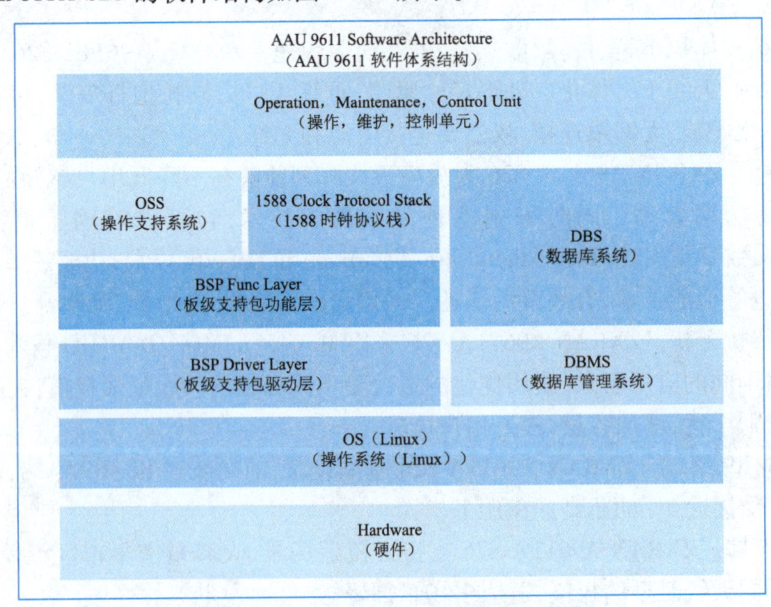

图 1-4-3　ZXRAN A9611A S26 的软件结构

ZXRAN A9611A S26 的软件体系结构可分为:OS、BSP、OSS、1588 时钟协议栈、DBMS、DBS 和操作维护。

①OS 是底层操作系统。

②BSP 模块提供硬件初始化及驱动接口。

③OSS 是整个软件框架的支撑层，提供一个硬件无关平台，用以运行系统软件并提供基本的软件功能，如调度、定时器、内存管理、模块间通信、序列控制、监控、告警以及日志功能。

④1588 时钟协议层提供 1588 时钟功能。

⑤DMS 模块是数据库管理系统，目前版本为 SQLite 3.18.0。

⑥DBS 模块是基于 SQLite 的 DBMS 上，支持数据库的相关特性如创建、初始化、连接管理、获取数据、同步数据、触发和备份等功能。

⑦应用层的软件包括操作、维护和控制单元。AAU 告警管理模块包含告警检测和管理功能。AAU 版本模块包含版本管理功能。RF 射频功率校准管理模块包含功率类测量和校准功能。

5. 操作与维护

ZXSDR A9611 的操作维护方式包括远端操作维护和本地操作维护。

远端操作维护是由无线网元管理系统 NetNumen U31 通过传输网络连接远端的 ZXSDR A9611，对其进行操作维护的方式，如图 1-4-4 所示。

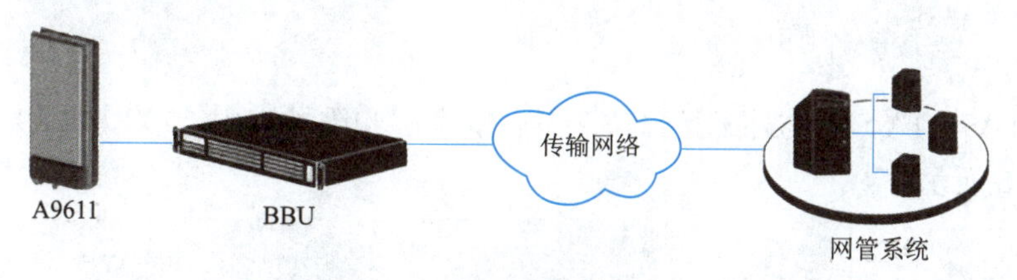

图 1-4-4 远端操作维护

本地操作维护是由 PC 通过以太网线与 ZXSDR A9611 直接物理相连，对其进行操作维护的方式，如图 1-4-5 所示。LMT（local maintenance terminal，本地维护终端）用于维护单个基站。

LMT 的应用场合主要有：工程人员现场开站调试、传输断链情况下的上站和涉及工程问题的上站。本地操作维护如图 1-4-5 所示。

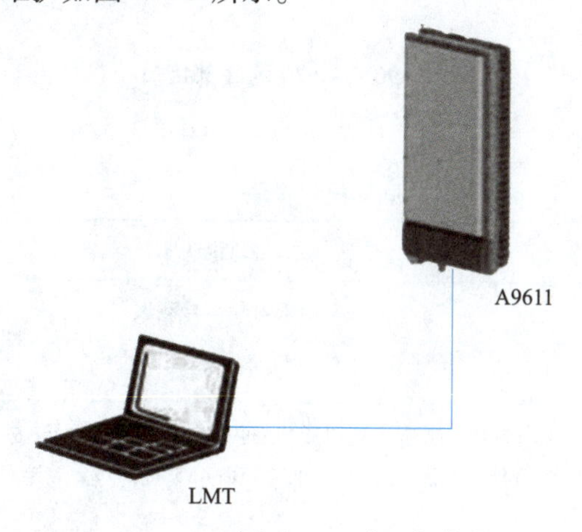

图 1-4-5 本地操作维护

6. 产品功能

ZXRAN A9611A S26 具有如下功能：

①支持 TD－LTE 和 5G 制式。

②支持工作频段:3 400 MHz～3 700 MHz。

③支持 20 MHz/40 MHz/50 MHz/60 MHz/80 MHz/100 MHz 信道带宽配置。

④支持最大占用带宽:100 MHz,支持 Massive MIMO/3D MIMO,支持 64 天线及 64 通道收发信功能。

⑤支持天线射频一体化。

⑥支持上下行不同时隙配比配置。

⑦支持 RF 通道校准功能。

⑧支持时钟同步。

⑨支持 RGPS。

⑩支持 CPRI 和 New CPRI 接口,支持 4×25G Ir 接口。

⑪支持－48 V 直流供电(根据需要,可以由 AC－DC 模块提供)100 V 和 220 V 交流供电。

⑫支持抱杆安装和挂墙安装。

⑬支持 LMT,支持监测和管理功能。

(二)硬件描述

1. 接口说明

ZXRAN A9611A S26 的外部接口位于设备的底部和维护窗内。ZXRAN A9611A S26 底部接口如图 1-4-6 所示。

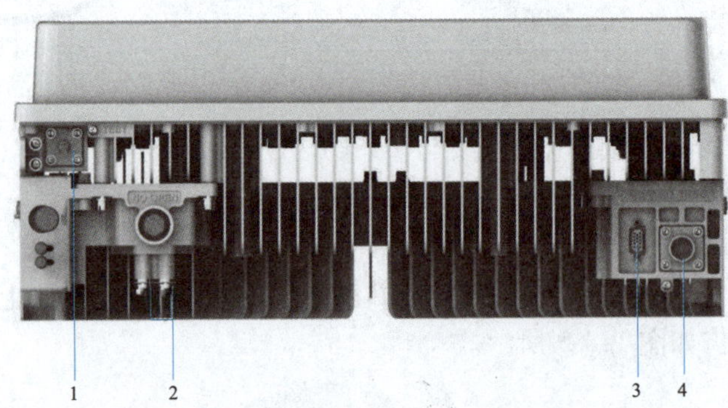

图 1-4-6　ZXRAN A9611A S26 的底部接口

底部接口说明见表 1-4-1。

表 1-4-1　底部接口说明

标注序号	接口标识	接口说明
1	TEST	用于射频信号测试
2	GND	保护地接口
3	MON/LMT	MON 监控和 LMT 本地维护复用接口:通过定制网线经 LMT 进行本地维护。MON 口经过定制电缆组件连接到外设备的监控 RS-485 接口/2x 干接点/ASIG 接口实现外设监控及扩展
4	RGPS	用于连接外置 RGPS 模块

ZXRAN A9611A S26 维护窗接口如图 1-4-7 所示。

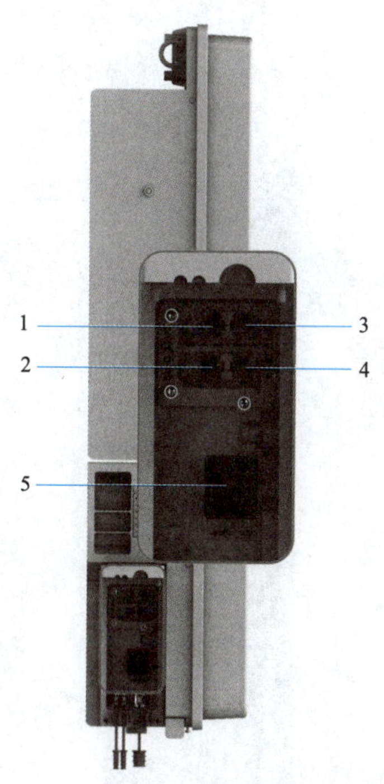

图 1-4-7　ZXRAN A9611A S26 维护窗接口

维护窗接口说明见表 1-4-2。

表 1-4-2　维护窗接口说明

标注序号	接口标识	接口说明
1	OPT1	eCPRI/CPRI 光接口,用来连接 ZXRAN A9611A S26 和 BBU,25G 光信号接口
2	OPT2	eCPRI/CPRI 光接口,用来连接 ZXRAN A9611A S26 和 BBU,25G 光信号接口
3	OPT3	CPRI 光接口,用来连接 ZXRAN A9611A S26 和 BBU,25G 光信号接口
4	OPT4	CPRI 光接口,用来连接 ZXRAN A9611A S26 和 BBU,25G 光信号接口
5	PWR	-48 V 直流电源输入接口

光纤接口配置说明见表 1-4-3。

表 1-4-3　光纤接口配置说明

应用场景	光口配置说明
4G 单模(3×20M LTE)场景	OPT1,OPT2,OPT3
5G 单模(1×100M NR)场景	OPT1
5G 单模(2×80M NR)场景	OPT1,OPT2
混膜(1×100M NR+3×20M LTE)	OPT1,OPT2,OPT3,OPT4

2. 指示灯说明

ZXRANA9611A S26 的指示灯显示设备运行状态,位于机箱侧面,如图 1-4-8 所示。

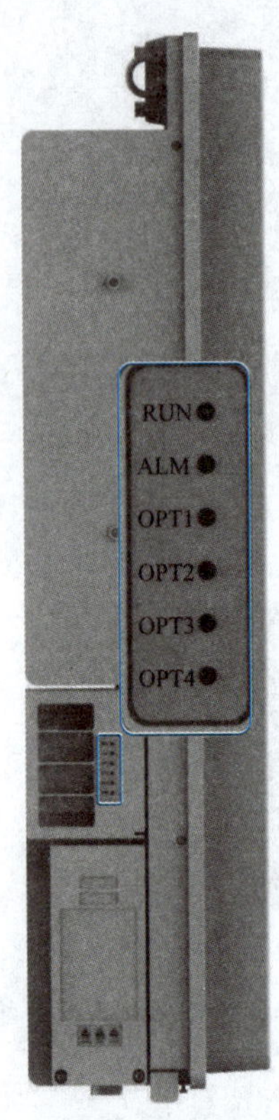

图 1-4-8　ZXRAN A9611A S26 的指示灯

指示灯说明见表 1-4-4。

表 1-4-4　指示灯说明

丝印标识	功能	颜色	状态说明
RUN	运行指示	绿色	常灭：系统未加电，或处于故障状态 常亮：系统加电但处于故障状态 闪烁（1 s 亮，1 s 灭）：系统处于软件启动中 闪烁（0.3 s 亮，0.3 s 灭）：系统运行正常，与 BBU 的通信正常 闪烁（70 ms 亮，70 ms 灭）：系统运行正常，与 BBU 的通信尚未建立或通信断链
ALM	告警指示	红色	常灭：无告警 常亮：有告警
OPT1	光接口状态指示	红绿双色	常灭：光口 1 光模块不在位或者光模块未上电或未接收光信号 红色常亮：光口 1 光模块收发异常 绿色常亮：收到光信号但未同步 绿色闪烁（0.3 s 亮，0.3 s 灭）：光口 1 链路正常
OPT2	光接口状态指示	红绿双色	常灭：光口 2 光模块不在位或者光模块未上电或未接收光信号 红色常亮：光口 2 光模块收发异常 绿色常亮：收到光信号但未同步 绿色闪烁（0.3 s 亮，0.3 s 灭）：光口 2 链路正常

续表

丝印标识	功能	颜色	状态说明
OPT3	光接口状态指示	红绿双色	常灭:光口 3 光模块不在位或者光模块未上电或未接收光信号 红色常亮:光口 3 光模块收发异常 绿色常亮:收到光信号但未同步 绿色闪烁(0.3 s 亮,0.3 s 灭):光口 3 链路正常
OPT4	光接口状态指示	红绿双色	常灭:光口 4 光模块不在位或者光模块未上电或未接收光信号 红色常亮:光口 4 光模块收发异常 绿色常亮:收到光信号但未同步 绿色闪烁(0.3 s 亮,0.3 s 灭):光口 4 链路正常

3. 外部线缆说明

ZXRAN A9611A S26 外部线缆连接位置,如图 1-4-9 所示。

保护地线缆连接 ZXRAN A9611A S26 与地网,提供对设备以及人身安全的保护。保护地线缆为 16 mm^2 黄/绿线。线缆两端压接 OT 端子(OT 端子头部是一个圆形,尾部是个圆柱形,外观呈现一个 OT 形态,故被业内称为 OT 端子)。保护地线缆链接 AAU 侧的端子有单孔和双孔两种,两者功能上并无区别,现场根据情况选用。保护地线缆外观如图 1-4-10 所示。

保护地线缆 A 端压接 M6 OT 端子(圆孔内径直径是 6 mm 的 OT 端子),连接到 ZXRAN A9611A S26 底部的接地螺栓。B 端压接 M8 OT端子(圆孔内径直径是 8 mm 的 OT 端子),连接到接地排上。

图 1-4-9 ZXRAN A9611A S26 外部线缆连接
1—保护地线缆;2—光纤;
3—MON/LMT 接口线缆;
4—RGPS 接口线缆;
5—直流电源线缆

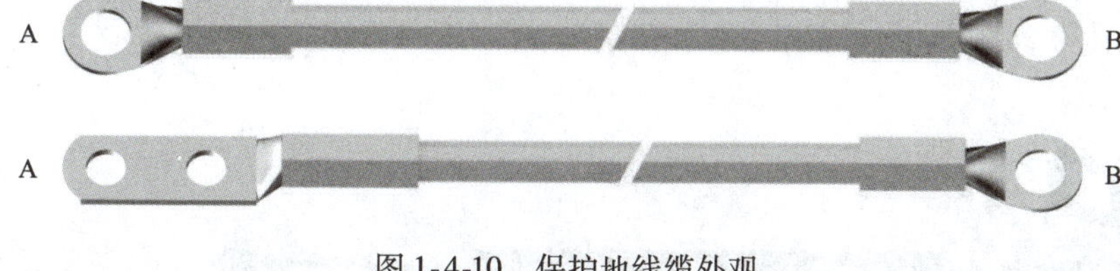

图 1-4-10 保护地线缆外观

光纤是 ZXRAN A9611A S26 与 BBU 之间的连接线缆。2 芯光纤的 A 端连接 ZXRAN A9611A S26 的 OPT1 接口,B 端连接 BBU 光接口。6 芯光纤的 A 端连接 ZXRAN A9611A S26 的 OPT2、OPT3、OPT4 接口,B 端连接 BBU 光接口。ZXRAN A9611A S26 的光纤外观如图 1-4-11 所示。

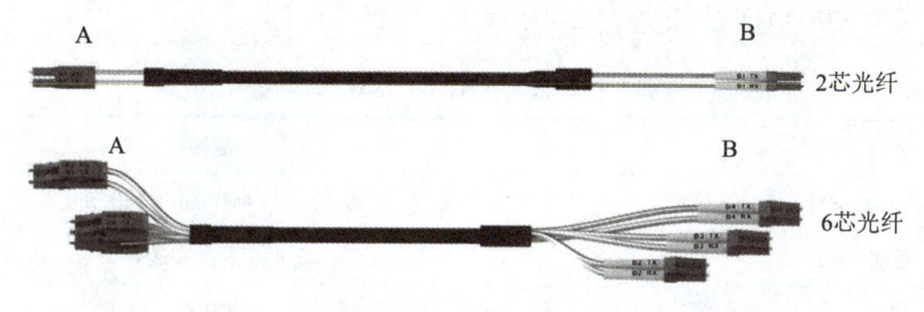

图 1-4-11 ZXRAN A9611A S26 的光纤外观

MON/LMT 接口线缆用于 ZXRAN A9611A S26 的操作维护、连接外部监控设备、外接 AISG 扩展盒子。MON/LMT 接口位于 ZXRAN A9611A S26 的设备底部。MON/LMT 接口线缆包括 MON 接口线缆和 AISG 接口线缆。

MON 接口线缆 A 端与 ZXRAN A9611A S26 的 MON/LMT 接口相连，B 端与外部监控设备相连。AISG 接口线缆 A 端与 ZXRAN A9611A S26 的 MON/LMT 接口相连，B 端与外部扩展盒子的 AISG 端口连接。MON/LMT 接口线缆如图 1-4-12 所示。

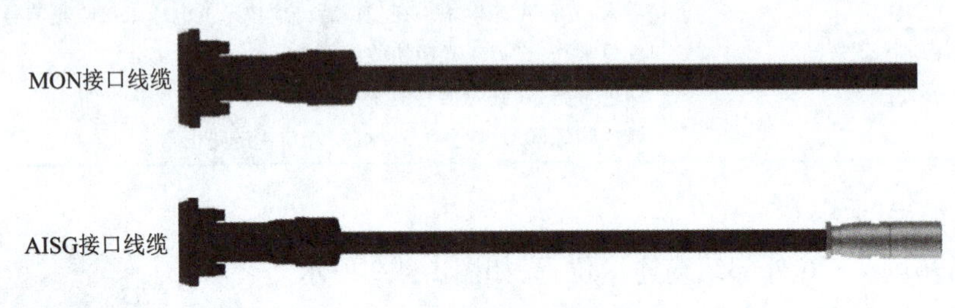

图 1-4-12　MON/LMT 接口线缆

RGPS 线缆用于连接外置 RGPS 模块。RGPS 线缆 A 端连接 ZXRAN A9611A S26 的 RGPS 接口，B 端连接外置 RGPS 模块。RGPS 线缆外观如图 1-4-13 所示。

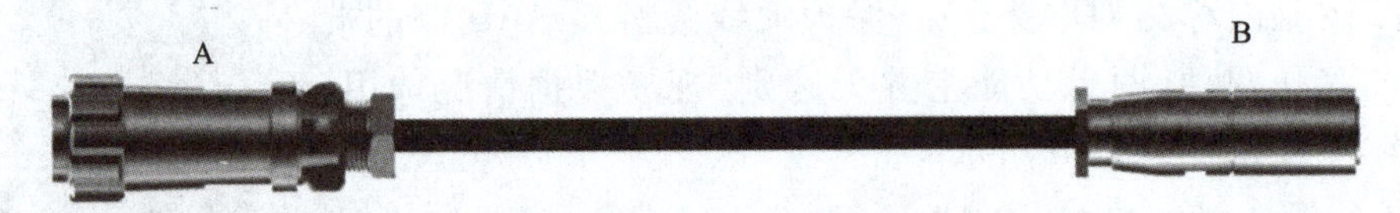

图 1-4-13　RGPS 线缆外观

直流电源线缆是连接为 ZXRAN A9611A S26 提供 -48 V DC 电源，线缆接头为 2 芯圆形连接器，需要现场裁剪制作。直流电源线缆 A 端连接 ZXRAN A9611A S26 的电源接口，B 端连接直流供电设备。直流电源线缆如图 1-4-14 所示。

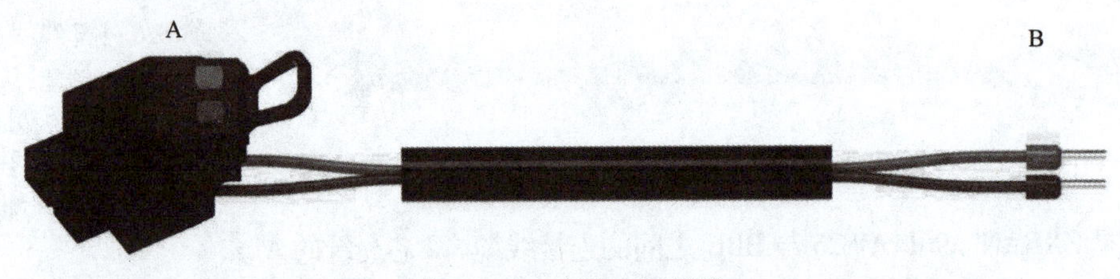

图 1-4-14　直流电源线缆

（三）技术指标

1. 物理指标

ZXRAN A9611A S26 物理指标见表 1-4-5。

表 1-4-5　ZXRAN A9611A S26 物理指标

项目	指标
尺寸（高×宽×深）	860 mm×490 mm×180 mm
重量	43 kg（不含安装件）
颜色	浅灰色
天线迎风面积	$<0.4\ m^2$

2. 系统指标

ZXRAN A9611A S26 系统指标见表 1-4-6。

表 1-4-6　ZXRAN A9611A S26 系统指标

项目	指标
无线空口制式	4G TD－LTE/5G NR 新空口
工作频段	2 515 MHz～2 675 MHz
占用带宽	160 MHz
工作带宽	160 MHz
最大载波数	4
信道带宽	NR:20 MHz/40 MHz/50 MHz/60 MHz/80 MHz/100 MHz LTE:10 MHz/15 MHz/20 MHz
输出功率	240 W
频率稳定度	±0.05 ppm
接收灵敏度	－97 dBm@ G－FR1－A1－5 参考测量信道(20 MHz 带宽和 30 KHz 子载波间隔) －103 dBm@ FRC－A1－3 参考测量信道(5 MHz 带宽和 15 KHz 子载波间隔)
天线	64 个天线端口
防护等级	IP65
本地/远端维护	支持
天线振子数	192
天线增益	24.5 dBi
防护方式	压铸壳体＋塑胶天线罩
EVM(%)	<8@16QAM <5@64QAM <3.5@256QAM

3. 工作电源

ZXRAN A9611A S26 工作电源见表 1-4-7。

表 1-4-7　ZXRAN A9611A S26 工作电源

项目	内容
供电方式	直流供电或交流供电(交流供电通过外置 AC－DC 实现)
电压	直流:－48 V(直流电压范围:－37 V～－57 V) 交流:100 V 和 220 V,支持外置交/直流转换器
功耗	典型功耗:860 W

4. 工作环境

ZXRAN A9611A S26 工作环境见表 1-4-8。

表 1-4-8　ZXRAN A9611A S26 工作环境

项目	指标
工作温度	-40 ℃ ~ +55 ℃
工作湿度	4% ~100%（非冷凝）
储存温度	-50 ℃ ~ +70 ℃
储存湿度	5% ~100%（非冷凝）

二、ZXRAN A9815 S26

本小节将介绍 ZXRAN A9815 S26 的产品特点和结构、硬件描述和技术指标。

（一）产品概述

1. 产品定位

ZXRAN A9815 S26 是中兴通讯 5G NR AAU 基站产品。ZXRAN A9815 S26 采用 Massive MIMO 技术可以显著提高频谱效率，从而提高小区吞吐量。同时 AAU 基站也能够增强立体覆盖的三维波束赋形。ZXRAN A9815 S26 可以部署在宏覆盖，高容量密集城区和高层建筑覆盖区域。

ZXRAN A9815 S26 可用于 5G 的三大应用场景：eMBB、uRLLC 和 mMTC。ZXRAN A9815 S26 的应用将大大推动 5G 无线技术发展，同时加快了 5G 的商用部署。

ZXRAN A9815 S26 的外观如图 1-4-15 所示。

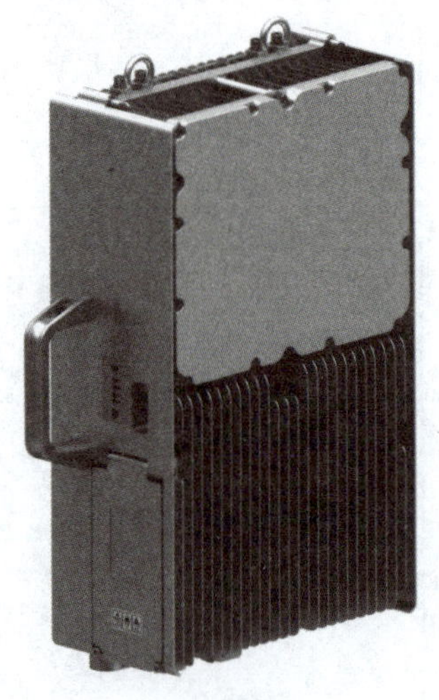

图 1-4-15　ZXRAN A9815 S26 的外观

分布式基站采用基带单元（BBU）+ 有源天线单元（AAU）架构。ZXRAN A9815 S26 通过 Uu 接口与用户设备（UE）进行通信，ZXRAN A9815 S26 网络中的位置如图 1-4-16 所示。

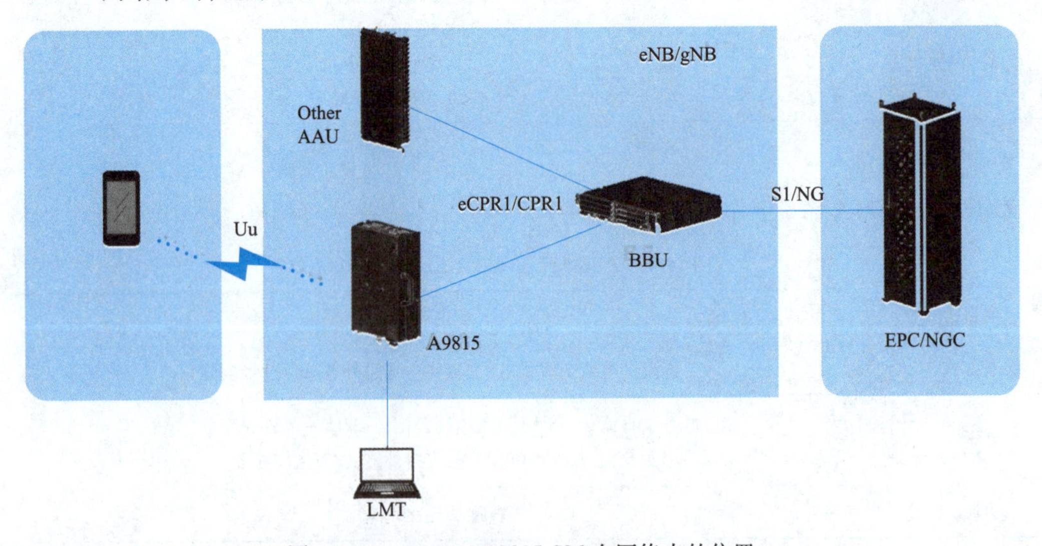

图 1-4-16　ZXRAN A9815 S26 在网络中的位置

2. 产品特点

ZXRAN A9815 S26 具有如下特点：

(1)统一平台,平滑演进

ZXRAN A9815 S26 基于中兴通讯无线接入网(RAN)平台,保护运营商投资,支持平滑演进。

分布式 BBU-AAU 基站同时支持 C-RAN 和 D-RAN。

(2)大容量

ZXRAN A9815 S26 采用 Massive MIMO 技术,可以并行传输多个独立的数据流。

ZXRAN A9815 S26 结合先进的调度算法,3D-MIMO 波束成形和多流空分复用关键技术,可以大大提高传统宏 RRU 的小区容量。

ZXRAN A9815 S26 支持 200 MHz/400 MHz 5G NR 载波。

(3)紧凑设计,便于部署

ZXRAN A9815 S26 具有紧凑的设计,集成的射频处理,以及 4T4R 收发器和 512 个天线振子。尺寸为 485 mm × 300 mm × 140 mm(H × W × D),重量为 18 kg,可以安装在抱杆或墙上。

(4)高能效

ZXRAN A9815 S26 凭借大量的振子单元,可显著提高能源效率,同时保留用户体验。

(5)灵活的部署方案

ZXRAN A9815 S26 可以部署在扇区覆盖、热点区域覆盖、高层建筑覆盖等多种场景下,根据不同场景可以配置不同的广播权重。

3. 硬件架构

ZXRAN A9815 S26 由中频、射频、天线、滤波器和电源模块组成。

(1)天线模块

512 个天线端口,4 通道校准耦合网络,无线电输出功率 EIRP = 62 dBm。

(2)滤波器

与每个收发通道相对应,必要的杂散发射抑制以符合基站射频指标。

(3)中频和射频

4T4R 收发器射频通道,瞬时带宽(IBW)为 800 MHz,最大占用带宽(OBW)为 2 × 400 MHz,射频小信号处理,功率放大器和低噪声放大,输出功率管理,模块温度监测。

(4)电源模块

整个 AAU 的电源,电源控制,电源告警,功耗报告,内置防雷。

(5)结构模块

AAU 内部组件的屏蔽,促进散热,确保前置天线罩的正常电磁波辐射。

4. 软件结构

ZXRAN A9815 S26 软件结构与 ZXRAN A9611A S26 的软件结构一样,参考 ZXRAN A9611A S26 的软件结构。

5. 操作与维护

ZXRAN A9815 S26 的操作维护方式与 ZXRAN A9611A S26 的操作维护方式一样,包括远端操作维护和本地操作维护。参考 ZXRAN A9611A S26 的操作维护方式。

6. 产品功能

ZXRAN A9815 S26 支持功能如下:

①无线空口技术:5G NR。

②信道带宽:200 MHz/400 MHz。

③工作频段:S26:24.75 GHz～27.5 GHz。

④占用带宽:2×400 MHz。

⑤通道数:4T4R。

⑥射频模块和天线集成在 AAU 中。

⑦不同的帧配置。

⑧射频通道校准。

⑨时钟同步。

⑩2×25 Gbit/s 的 eCPRI 接口。

⑪电源:支持－48 V 直流电,支持 220 V 交流电(可配外接 AC/DC 转换器)。

⑫安装方式:抱杆安装和挂墙安装。

⑬支持本地网管系统 LMT。

(二)硬件描述

1. 接口说明

ZXRAN A9815 S26 的接口包括底部接口和侧面接口两部分,底部接口包括电源接口与接地端子。ZXRAN A9815 S26 底部接口如图 1-4-17 所示。

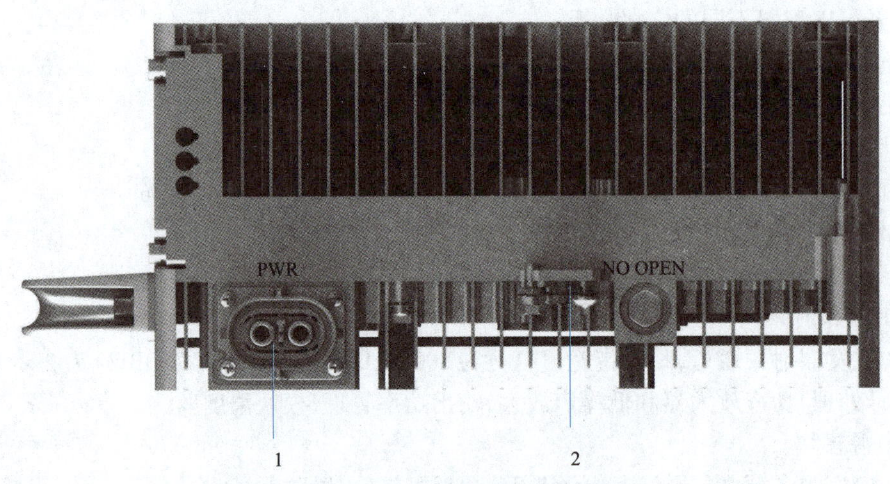

图 1-4-17　ZXRAN A9815 S26 底部接口

底部接口说明见表 1-4-9。

表 1-4-9　底部接口说明

标注序号	接口标识	接口说明
1	PWR	－48 V 电源输入接口
2	GND	保护地接口

侧面接口位于维护窗内,包括光纤接口和调试接口。ZXRAN A9815 S26 维护窗接口如图 1-4-18 所示。

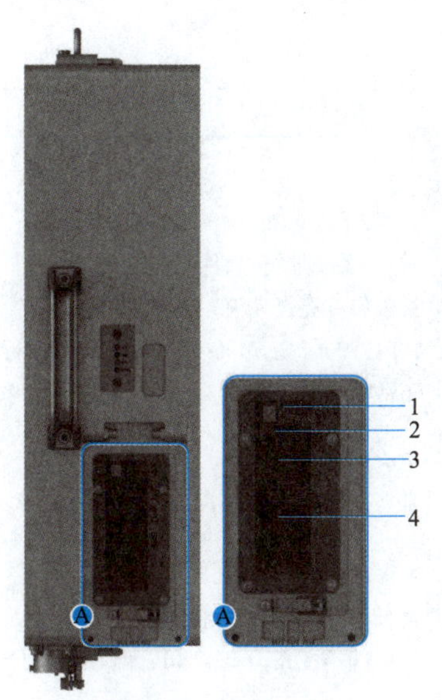

图 1-4-18　ZXRAN A9815 S26 维护窗接口

维护窗接口说明见表 1-4-10。

表 1-4-10　维护窗接口说明

标注序号	接口标识	接口说明
1	LMT	调试网口
2	OPT1	25G 光信号接口,为 ZXRAN A9815 S26 和 BBU 系统之间的光信号提供物理传输
3	OPT2	25G 光信号接口,为 ZXRAN A9815 S26 和 BBU 系统之间的光信号提供物理传输
4	OPT3	100G 光信号接口,为 ZXRAN A9815 S26 和 BBU 系统之间的光信号提供物理传输

2. 指示灯说明

ZXRAN A9815 S26 的指示灯显示设备运行状态,位于机箱侧面,如图 1-4-19 所示。

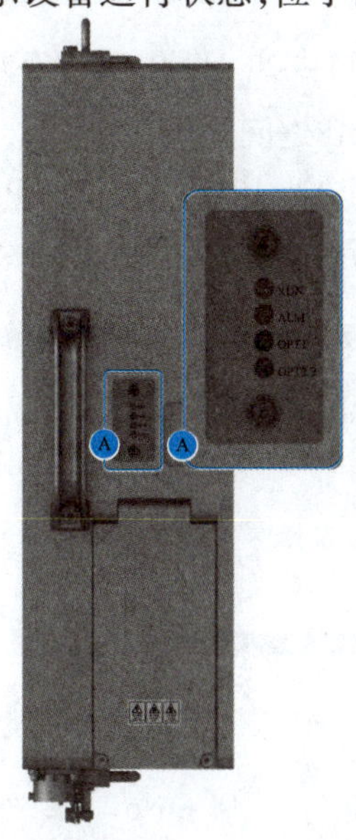

图 1-4-19　ZXRAN A9815 S26 的指示灯

指示灯说明见表 1-4-11。

表 1-4-11　指示灯说明

名称	颜色	LED 含义	LED 状态说明
RUN	绿	AAU 软件系统运行状态，红绿双色灯	常灭：系统未加电 常亮：系统加电，软件系统未运行，或处于故障状态 慢闪（1 s 亮，1 s 灭）：系统加电，软件系统启动中 快闪（70 ms 亮，70 ms 灭）：系统正常运行，AAU 与 BBU 通信尚未建立或通信断链 正常闪（0.3 s 亮，0.3 s 灭）：系统加电，软件系统启动完成，AAU 与 BBU 通信正常
ALM	红	故障告警状态指示灯	常灭：无告警 常亮：有告警（不包含 OPT，VSWR 异常）
OPT1	绿/红	OPT 指示灯，红绿双色灯	常灭：此光口未收到光信号 常亮：此光口收到光信号，链路未同步 闪烁（0.3 s 亮，0.3 s 灭）：光口接收到光信号，链路同步
OPT2/3	绿/红	OPT 指示灯，红绿双色灯	常灭：此光口未收到光信号 常亮：此光口收到光信号，链路未同步 闪烁（0.3 s 亮，0.3 s 灭）：光口接收到光信号，链路同步

3. 外部线缆说明

保护地接口线缆连接 ZXRAN A9815 S26 与地网，提供对设备以及人身安全的保护。保护地接口线缆为 16 mm^2 黄/绿线。线缆两端压接 OT 端子。保护地接口线缆连接 AAU 侧的端子有单孔和双孔两种，两者功能上并无区别，现场根据情况选用。保护地线缆外观如图 1-4-20 所示。

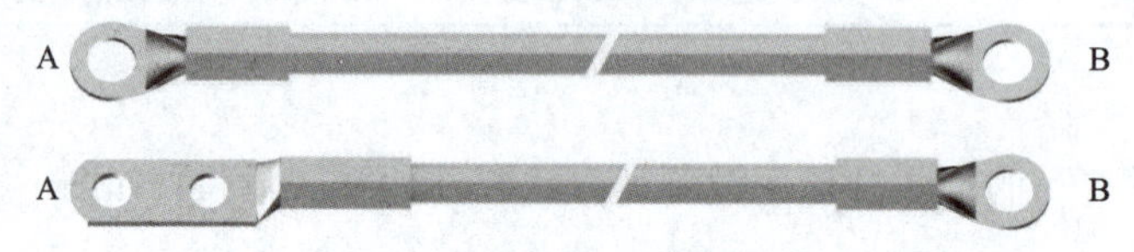

图 1-4-20　保护地线缆外观

光纤是 ZXRAN A9815 S26 与 BBU 之间的连接线缆。光纤的 A 端连接 ZXRAN A9815 S26 的光接口，B 端连接 BBU 光接口。ZXRAN A9815 S26 的 OPT1 和 OPT2 端口光纤外观如图 1-4-21 所示。ZXRAN A9815 S26 的 OPT3 端口光纤外观如图 1-4-22 所示。

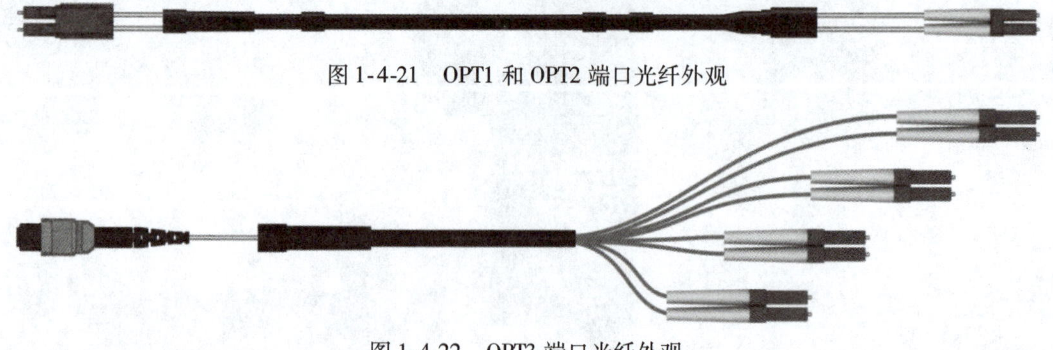

图 1-4-21　OPT1 和 OPT2 端口光纤外观

图 1-4-22　OPT3 端口光纤外观

电源线用于连接 ZXRAN A9815 S26 电源接口和供电设备。电源线标配 $2 \times 10\ mm^2$ 户外 CE 认证屏蔽电源线。直流电源线缆一端与 ZXRAN A9815 S26 的 PWR 接口相连,另一端与外部电源设备/直流转接盒相连。电源线如图 1-4-23 所示。

图 1-4-23　电源线

(三)技术指标

1. 物理指标

ZXRAN A9815 S26 物理指标见表 1-4-12。

表 1-4-12　ZXRAN A9815 S26 物理指标

项目	描述
设备满配重量	18 kg
尺寸	485 mm × 300 mm × 140 mm(高 × 长 × 宽)
天线的迎风面积	$<0.2\ m^2$
颜色	浅灰色

2. 系统指标

ZXRAN A9815 S26 系统指标见表 1-4-13。

表 1-4-13　ZXRAN A9815 S26 系统指标

项目	指标
无线空口制式	5G NR
工作频段	S26:24.75 GHz - 27.5 GHz
占用带宽	800 MHz
工作带宽	800 MHz
信道带宽	200 MHz/400 MHz
输出功率	62 dBm
天线	512 个天线振子单元
防护等级	IP65
本地/远程维护	支持
防护方式	压铸壳体 + 塑胶天线罩
最大载波数	2

3. 工作电源

ZXRAN A9815 S26 工作电源见表 1-4-14。

表 1-4-14　ZXRAN A9815 S26 工作电源

项目	描述
供电方式	DC 集成或 AC 可用(可配的外部 AC/DC 转换器)
电压	集成 DC -48 V: -36 V ~ -57 V
功耗 eCPRI	重载功耗:455 W 典型功耗:450 W

4. 工作环境

ZXRAN A9815 S26 工作环境见表 1-4-15。

表 1-4-15　ZXRAN A9815 S26 工作环境

项目	指标
工作温度	-40 ℃ ~ +55 ℃
工作湿度	4% ~ 100% (非冷凝)
储存温度	-50 ℃ ~ +70 ℃
储存湿度	5% ~ 100% (非冷凝)

大开眼界

RRU(remote radio unit,远端射频单元),是现代基站的两大核心(BBU 和 RRU)之一。

随着无线网络的发展,一个基站要支持 2G/3G/4G 等多种制式,还要兼顾 900 MHz、1 800 MHz、2 100 MHz 多个频段。甚至还有 700 MHz、2 600 MHz 等 4G 专用频段。一个基站通常有 3 个扇区,铁塔上就要挂上就有 15 个各频段的 RRU,再连接到 3 个多端口天线上,共计 18 个设备,导致铁塔上拥挤不堪。

在国际上,很多运营商租赁铁塔是按照铁塔上面挂的设备数量来收费的,因此怎样在频段和容量不变的前提下减少塔上挂的设备数量,成了一个强需求。

在 4G 网络发展的后期,为了支持更强的 MIMO 和分集接收能力,RRU 需要支持的天线端口越来越多,从 2 端口发展到 4 端口甚至 8 端口,对天线的要求越来越高,连接也日趋复杂。

既然 RRU 需要和天线近距离安装,还必须用射频线连在一起,那何不把这对搭档合二为一,搞成一个模块呢? 把 RRU 和天线融合在一起的设备 AAU 应运而生。这样一来,不但塔上的设备少了,连接 RRU 和天线之间的跳线也不再需要,也就没有任何馈线损耗了!

任务小结

本任务主要学习 5G 基站的 AAU 设备。AAU 是射频系统单元,集成天线、射频于一体,与 BBU 一起构成 5G NR 基站。

ZXRAN A9611A S26 是中兴通讯研发集成天线、中频、射频的一体化形态的 AAU 设备。ZXRAN A9611A S26 支持 TD - LTE 和 5G 制式,3 400 MHz ~ 3 700 MHz 工作频段,20 MHz/40 MHz/50 MHz/60 MHz/80 MHz/100 MHz 信道带宽配置,支持 Massive MIMO/3D MIMO,64 天

线及64通道收发信功能。对于ZXRAN A9611A S26,要求掌握ZXRAN A9611A S26的接口功能和线缆连接。

ZXRAN A9815 S26是中兴通讯5G NR AAU基站产品。ZXRAN A9815 S26支持5G NR无线空口技术,200 MHz/400 MHz信道带宽,24.75 GHz~27.5 GHz工作频段,支持4T4R通道数,512个天线振子单元。对于ZXRAN A9815 S26,要求掌握ZXRAN A9815 S26的接口功能和线缆连接。

任务五　熟悉基站防雷接地技术与系统

任务描述

雷电是我们日常生活中经常遇到的自然现象,通过本任务的学习,掌握通信防雷的基本知识,会根据实际情况选择合适的防雷措施,初步具备依据网络整体防护理论制定防雷方案的能力。初步具备制定机房和设备接地方案的能力。

任务目标

- 识记:雷电的特点及分类;雷电保护区的划分;接地技术的概念及地线分类。
- 领会:雷电的入侵途径;室内防雷和室外防雷措施;通信网络整体防护原理。
- 应用:会根据防雷知识选择合适的室内防雷和室外防雷措施;能够依据通信网络整体防护原理制订防雷方案;能够对接地电阻进行正确测量;能够对交流电源、直流电源、通信设备、设备内部系统接地进行简单设计。

任务实施

一、雷电的主要特点及分类

雷电是我们日常生活中经常遇到的自然现象,据有关研究统计,在地球上任一时刻平均有2 000多个雷暴在进行着,平均每秒有100次闪电,每个闪电强度可高达10亿伏。这些强大的雷电常常会给我们的生活造成各种各样的灾难,并且会影响不同种类的电子设备,从而造成这些设备的损坏、运行中断等。

连接通信设备的线缆常常因为需要而暴露在室外,甚至树立在一些比较高的地方,这导致通信设备比其他电子设备更加容易遭受雷电的危害。通信设备常常因为雷击而损坏,造成大面积以及长时间的通信中断,进而造成了巨大的经济损失。

(一)雷电的主要特点

1. 瞬间大电流

①冲击电流大,其瞬时电流可高达几万至几十万安培。

②放电时间极短。雷击一般分为三个阶段,即先导放电、主放电、余光放电,整个过程不会超过60 μs。

③冲击电压高,强大的电流产生的交变磁场,其感应电压可高达上亿伏。

④雷电发生时的单极性冲击波的频谱极宽,但是冲击的能量主要集中在低频范围内。

⑤雷电流的总能量中大约有 90% 分布在 18 kHz 的频率以下,95% 以上分布在 3 kHz 的频率以下。这类波形对工作在低频或直流状态下的电子设备危害最大。

2. 选择性雷击

(1)地质选择性

雷击区与地质结构有关。如果地面土壤电阻率的分布不均匀,则在电阻率特别小的地区,遭雷击的概率较大。

易遭雷击的地点有:

①土壤电阻率较小的地方,如有金属矿床的地区、河岸、地下水出口处、湖沼、低洼地区和地下水位高的地方。

②山坡与稻田接壤处。

③具有不同电阻率土壤的交界地段。

(2)设施选择性

地面上的设施情况也是影响雷击选择性的重要因素。

易遭受雷击的建(构)筑物有:

①高耸突出的建筑物,如水塔、电视塔、高楼等。

②排出导电尘埃、废气热气柱的厂房、管道等。

③内部有大量金属设备的厂房。

④地下水位高或有金属矿床等地区的建(构)筑物。

⑤孤立、突出在旷野的建(构)筑物。

(3)部位选择性

雷灾事故的历史资料统计和实验研究证明,遭受雷击的部位也是有一定规律的。

同一建(构)筑物易遭受雷击的部位有:

①平屋面和坡度≤1/10 的屋面、檐角、女儿墙和屋檐。

②坡屋度 >1/10 且 <1/2 的屋面、屋角、屋脊、檐角和屋檐。

③坡度 >1/2 的屋面、屋角、屋脊和檐角。

④建(构)筑物的屋面突出部位,如烟囱、管道、广告牌等。

(二)雷电的分类

按雷电击的破坏形式通常将雷电分为直击雷、感应雷和球形闪电,其中较为常见的是直击雷与感应雷。

1. 直击雷

直击雷是带电的云层与大地上某一点之间发生迅猛的放电现象。当雷电直接击在建(构)筑物上,强大的雷电流使建(构)筑物水分受热,气化膨胀,从而产生很大的机械力,导致建(构)筑物燃烧或爆炸。另外,当雷电击中避雷针,电流沿引下线向大地泄放时,对地电位升高,有可能向临近的物体跳击,称为雷电“反击”,从而造成火灾或人身伤亡。

2. 感应雷

感应雷是当直击雷发生以后,云层带电迅速消失,地面某些范围由于散流电阻大,出现局部高电压,或在直击雷放电过程中,强大的脉冲电流与周围的导线或金属物发生电磁感应而产生高电压,从而发生闪击现象的二次雷。

感应雷破坏也称为二次破坏。感应雷分为静电感应雷和电磁感应雷两种。由于雷电流会产生强大的交变磁场,使得周围的金属构件产生感应电流,这种电流可能向周围物体放电,如附近有可燃物就会引发火灾和爆炸,而感应到正在联机的导线上就会对设备产生强烈的破坏性。

3. 球形闪电

球形闪电又称电火球,是一种与雷电有关的自然现象。土壤被雷电击中后,会向大气释放含有硅的纳米微粒,来自雷电袭击的能量以化学能的形式储存在这些纳米微粒中,当达到一定高温时,这些微粒就会氧化并释放能量,形成球形闪电。它时常漂浮在半空中,与地面接触后会反弹,与之接触的物质顷刻间便会被烧焦。

二、雷电入侵的途径

当通信设备附近有雷电产生时,雷电波可以通过各种途径串到设备内,产生过电压。过电压是指工频下交流电压均方根值升高,超过额定值的10%,并且持续时间大于1 min的长时间电压变动现象。

如果没有相应的保护措施,设备将会被雷电引起的过电压过电流损坏。图1-5-1所示为雷电入侵途径示意图。

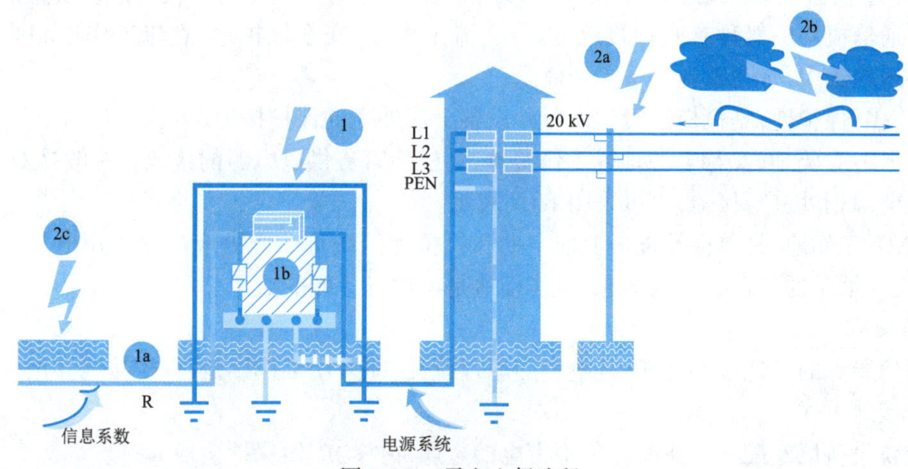

图1-5-1　雷电入侵途径

雷电击中建筑物引起的过电压,有两种入侵途径:

①雷电击中建筑物外部时,在接地电阻上会引起电压降。

②雷电击中建筑物外部时,建筑物内部环路会感应过电压。

远处雷电引起的过电压,有三种入侵途径。

①雷电击中远处电源架空电缆引起过电压。

②云层之间的雷电感应到电源架空电缆形成过电压。

③雷电击中远处地面,地下的通信电缆由于地电位上升或感应形成过电压。

如图1-5-2所示,假定一个峰值电流为100 kA的雷电击中某建筑物,设此建筑物的接地电阻为1 Ω,若雷电流全部通过接地电阻泄放到地,那么雷电流在接地电阻两端就会产生峰值为100 kV的过电压。这个瞬时的过电压会通过设备的接地线引入设备,如果设备的外部端口(如电源端口、信号端口、通信端口等)没有安装防雷器件,或防雷器件选择不当,使设备的各端口无法及时与如此高的地电位达到相同的电位，那么瞬时的高低电位就必然自行在设备内部最薄弱的地方强行达到等电位，造成设备的损坏。

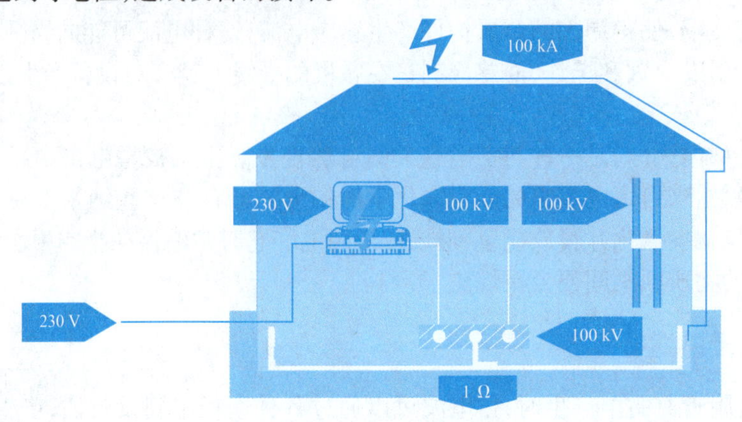

图 1-5-2　雷电造成的地电位反击

三、接地技术

接地，通常指与大地通过导体相连。接地系统是否良好是衡量一个机房建设质量的关键问题之一。通信机房一般具有四种接地方式：交流工作地、安全保护地、直流工作地和防雷保护地。在接地施工中，常会遇到以下几个概念：

①PGND：保护地，是机柜及机柜内各种设备金属外壳的保护接地。

②BGND：直流地，又称电源地或工作接地，是机柜直流供电电源的接地。一般是 DC－48 V 的正极在电源柜处进行接地，也可采用 RTN 表示。

③GND：工作地，是单板及母板上数字地和模拟地的统称。此处应注意工作地与工作接地的区别，工作地是通信设备侧的概念，工作接地是电源设备侧的概念。

（一）接地一般原则

①通信局点的接地应按均压、等电位的原理设计，即采用工作接地、保护接地共用一组接地体的联合接地方式。

②交换设备以及配套设备的正常不带电的金属部件均应做保护接地。

③保护地线应选用黄绿双色相间的塑料绝缘导线。

④接地导线必须采用同心导线以降低高频阻抗，接地线尽量粗和短。

⑤接地线两端的连接点应牢固，当采用螺栓连接时，应设防松螺帽或防松垫圈，并应做防腐蚀、防锈处理。

⑥不得利用其他设备作为接地线电气连通的组成部分，接地引线不宜与信号线平行走线或相互缠绕。

⑦同轴电缆的外导体和屏蔽层两端，均应尽量和所连接设备的金属机壳的外表面保持良好的电气接触。

⑧接地线严禁从户外架空引入，必须全程埋地或室内走线。

⑨保护地线上严禁接头，严禁加装开关或熔断器。

⑩保护地线的长度不应超过 30 m，且尽量短。当超过 30 m 时，应就近重新设置地排。

（二）机柜内部接地原则

①三地短接要求：为保证机柜内 GND、BGND（在早期的焊接机柜中存在，目前的拼装机柜中已经取消）、PGND 间等电位，在机柜入口处的接线端子上作短接处理，其目的是保证整个机柜成为一个等电势体。

②机架体接地：机架体通过一根截面积为 6 mm^2 的导线与 PGND 接线端子连接，导线一端接在 PGND 接线端子上，另一端通过紧固螺钉接在机架体上。

③机框接地：机柜内插框的金属构件应与机架体之间保持良好的电气连接。在连接处（螺钉孔、滑道及挂耳）不应喷涂绝缘漆或进行非导电氧化处理，以免造成导电不良。

④机柜门接地：机柜前门、后门和侧门的下方有接地端子和接地标志，应分别用截面积不小于 16 mm^2 的连接电缆接到机柜结构体的接地端子上。

⑤相邻机架相连：应将同一行机柜的机架体通过紧固螺栓及垫片相互紧密连接。机架体侧面紧固螺栓连接孔周围直径为 50 mm 的圆形内不应喷漆，必须做防锈、防腐蚀处理时，垫片和螺母也应镀锡以保证电气上的良好接触。

⑥机柜顶部的柜间地互连：为保证同一交换模块内各机柜地电位相等，应在机柜顶部用铜导线将同一交换模块各机柜地 GND 进行互连。工程安装时，若同一交换模块的机柜不在相邻位置或不在同一排位置，也应进行等电位互连，互连线截面积为 10 mm^2，长度按照实际工程的需要尽可能短。

⑦柜间汇流条地互连：同一交换模块的各机柜的地通过汇流条短接线互联，短接线截面积应不小于 2 mm^2，长度为 200 mm，两端分别插接到相邻机柜汇流条的 GND 上。短接线的数量至少 6 根，从机顶到机柜均匀分布。对于同一交换模块的不在相邻位置或不在同一排位置的机柜，由于无法用短接线进行汇流条的互联，因此只要求采用电缆进行机柜顶部的 GND 互连。

（三）机柜外部接地原则

1. 有直流电源配电柜（分线盒）时电缆连接情况

机柜侧：蓝色 -48 V 电缆一端接至机柜配电盒上标有“-48 V”的接线端子，黑色 BGND 电缆一端接至机柜配电盒上标有“GND”的接线端子，黄绿双色的保护接地电缆一端接至机柜配电盒上标有“PGND”的连接端子。

电源侧：蓝色 -48 V 电缆另一端接至机房直流电源配电柜（或分线盒）的 -48 V 负极排上，黑色 BGND 电缆另一端接至直流电源配电柜（或分线盒）的 -48 V 正极排上。连接电缆截面积应根据整个机柜最大工作电流值计算，不宜小于 16 mm^2。工程施工时连接线应尽量短。黄绿双色的保护接地电缆另一端连到直流电源配电柜（或分线盒）的 PGND 地排上。直流电源配电柜（或分线盒）的 PGND 地排通过电缆连到机房保护接地排上，该连接电缆地截面积宜不小于 35 mm^2。交换设备机柜到直流电源配电柜（或分线盒）的保护接地电缆截面积要求与 -48 V 电源电缆的截面积相同。工程施工时该电缆应尽量短，不能盘绕。

2. 无直流电源配电柜（分线盒）时电缆连接情况

机柜侧：蓝色 -48 V 电缆一端接至机柜配电盒上标有“-48 V”的接线端子，黑色 BGND 电缆一端接至机柜配电盒上标有“GND”的接线端子，黄绿双色的保护接地电缆一端接至机柜配电盒上标有“PGND”的连接端子，拧紧固定螺钉。

电源侧：蓝色 -48 V 电缆另一端接至机房直流电源柜的 -48 V 负极排上，黑色 BGND 电缆另一端接至直流电源柜的 -48 V 正极排上。连接电缆截面积应根据整个机柜最大工作电流值计算,不宜小于 16 mm^2。工程施工时连接线应尽量短。黄绿双色的保护接地电缆另一端连到机房保护接地排上。交换设备到机房保护接地排的保护接地电缆截面积要求与 -48 V 电源电缆的截面积相同。工程施工时该电缆应尽量短,不能盘绕。

(四)附属设备接地

①告警箱接地:直流供电告警箱的供电电源应直接从交换设备 -48 V、GND 汇流排上引入,并以此方式实现与交换设备的共接地点接地。

②MDF 接地:用户外线电缆金属外护套应在机房的入口处接保护地或在 MDF 上与 MDF 的接地汇流条相连。MDF 上的保安单元要求有过压、过流保护、失效告警功能。保安单元的泄流地应与 MDF 的接地汇流条有良好的电气连接。

③DDF 接地:DDF 的金属外壳宜做保护接地,通过截面积不小于 6 mm^2 的电缆就近接到机房的保护地排。

④ODF 接地:ODF 的金属外壳宜做保护接地,光缆内用于增强的金属线也宜做保护接地,通过截面积不小于 6 mm^2 的电缆就近接到机房的保护接地排。

四、防雷技术

(一)雷电的保护区域

1. 雷电保护区

将一个易遭雷击的区域,按照通信局(站)建筑物内外、通信机房及被保护设备所处环境的不同,划分被保护区域,这些被保护区域称为防雷区(lightning protection zones,LPZ)。

根据《防雷击电磁脉冲》(IEC 61312 -1),一个被保护的区域由外到内可分为几级保护区。最外面为 0 级,属于直接雷击区域,危险性最高;越往里则危险性越低。过压主要是沿线窜入的。保护区的界面是外部防雷系统、钢筋混凝土及金属管道等构成的屏蔽层,电气信道以及金属管道等则通过屏蔽层。

各保护区如图 1-5-3 所示,$LPZ0_A$ 在外部防雷系统(如建筑物的钢筋网、避雷针等)保护范围外,是直接雷击区域;$LPZ0_B$ 也在外部防雷系统外,不过处在外部防雷系统的保护范围内,不会遭受直接雷击,$LPZ0_A$ 与 $LPZ0_B$ 的界面根据滚球法确定;LPZ1 处于外部防雷系统内部;LPZ2 一般为外部防雷系统内部的屏蔽房间内部;LPZ3 一般为设备的端口。

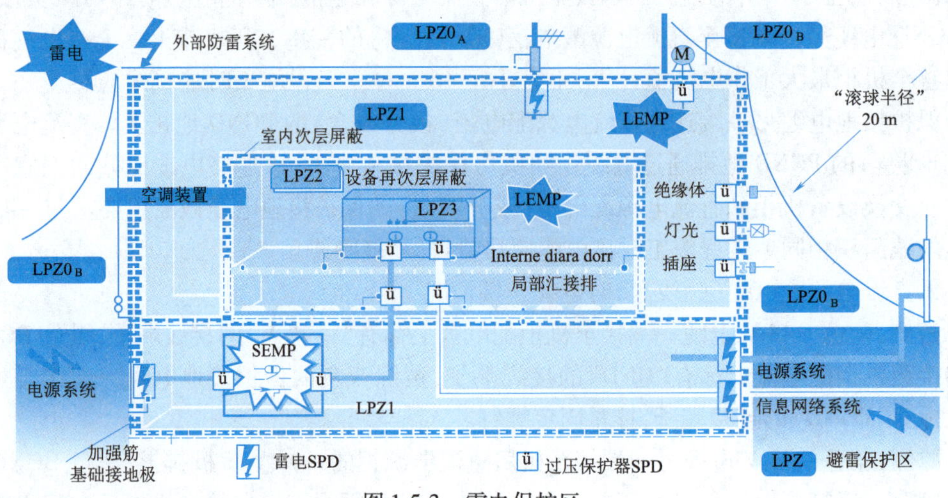

图 1-5-3　雷电保护区

2. 滚球法

所谓滚球法，就是使一个半径 R 至少为 20 m 的实心球在外部防雷系统表面任意滚动，球体能够接触的地方有可能会遭受直接雷击，为保护区 $LPZ0_A$，球体不能接触的地方不会遭受直接雷击，为保护区 $LPZ0_B$。如图 1-5-4 所示，阴影处为保护区 $LPZ0_A$，空白处为雷电保护区 $LPZ0_B$。

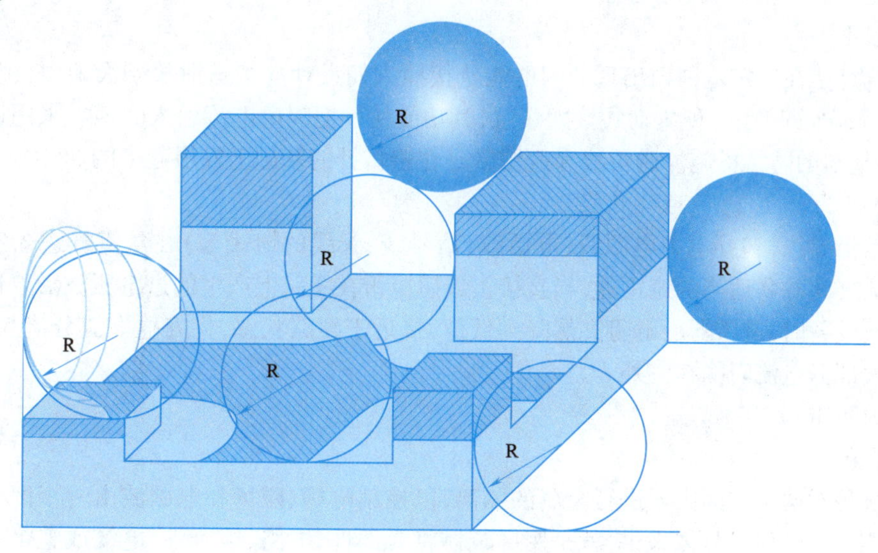

图 1-5-4　滚球法示意图

（二）防雷的基本方法

1. 室外防雷

（1）防雷保护区配置

处在外部防雷系统的设备，即室外设备，必须处于保护区 $LPZ0_B$ 内，以防止遭受直接雷击。图 1-5-5 所示是某室外基站的保护示意图，天线架、金属线槽、设备的金属外壳与建筑物的外部防雷系统多点搭接，且搭接良好可靠，天线、线槽和设备均处在保护区 $LPZ0_B$ 内，设备的外壳是保护区 LPZ1 的界面，设备的关键部件处在保护区 LPZ1 内。

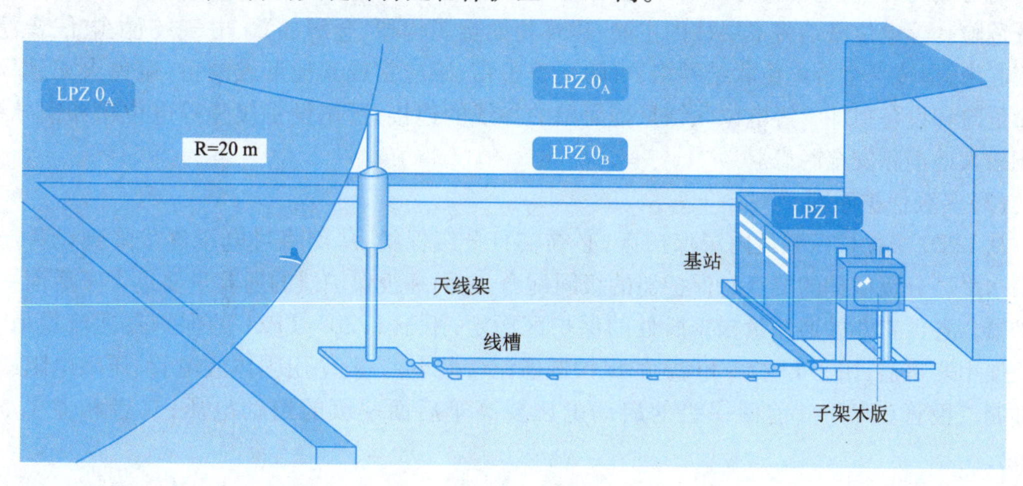

图 1-5-5　室外防雷示意图

(2)直击雷防护系统要求

直击雷防护系统一般由避雷针、接地引下线和接地系统组成。

当基站(包括天线)位于 $LPZ0_A$ 区时(如基站位于楼顶),基站遭受直击雷的概率很大,必须设置直击雷防护系统使基站位于 $LPZ0_B$ 区;当基站(包括天线)位于 $LPZ0_B$ 区时(如基站位于楼侧),基站遭受直击雷的概率较小。

(3)接闪

接闪就是让在一定范围内出现的闪电能量按照人们设计的信道泄放到大地中去。避雷针(lightning conductor)是一种主动式接闪装置,其功能就是把闪电电流引入大地。采用避雷针是最首要、最基本的防雷措施。避雷线和避雷带是在避雷针的基础上发展起来的。

(4)分流

分流是指导线(包括电力电源线、电话线、信号线、天线的馈线等)在从室外进入室内的界面处与大地之间并联适当的避雷器,当直接雷或感应雷在线路上产生的过电压波沿着这些导线进入室内或设备时,避雷器的电阻突然降到低值,接近于短路状态,将闪电电流分流入地,从而将雷击的大部分电流阻隔在室外。

2. 室内防雷

(1)屏蔽

屏蔽就是对两个空间区域进行金属的隔离,以控制电场、磁场和电磁波由一个区域对另一个区域的感应和辐射。具体来讲,就是用屏蔽体将元部件、电路、组合件、电缆或整个系统的干扰源包围起来,防止干扰电磁场向外扩散;用金属网、箔、壳、管等导体将接收电路、设备或系统包围起来,防止它们受到外界电磁场的影响。屏蔽是防止雷电电磁脉冲辐射对电子设备影响的最有效方法。屏蔽按机理可分为电场屏蔽、磁场屏蔽和电磁场屏蔽。

(2)等电位防雷保护

等电位联结就是将建筑物内部和建筑物本身的所有的大金属构件全部用母排或导线进行电气连接,使整个建筑物的正常非带电导体处于电气连通状态。

雷击保护《防雷击电磁脉冲》(IEC 61312)中指出,等电位联结是内部防雷措施的一部分。当雷击建筑物时,雷电传输有梯度,垂直相邻层金属构架节点上的电位差可能达到 10 kV 量级,十分危险。等电位联结将本层柱内主筋、建筑物的金属构架、金属装置、电气装置、电信装置等连接起来,形成一个等电位联结网络,可防止直击雷、感应雷或其他形式的雷,避免火灾、爆炸、生命危险和设备损坏。等电位联结只是简单的导线的连接,所用设备仅是等电位箱和铜导线,却能极大地消除安全隐患。

(3)多级保护原则

从 LPZ0 级保护区到最内层保护区,必须实行分级保护,从而将过电压逐步降到设备能承受的水平。分级保护的要点是保护器的级间配合,前面一级保护器的通流量要远大于后面一级保护器。各保护器的通流量根据所处的保护区而定,用于 LPZ0 ~ LPZ1 的保护器通流量最大,一般使用避雷器;用于 LPZ2 ~ LPZ3 的保护器通流量最小,一般使用固体放电管、压敏电阻或瞬态抑制二极管(TVS)。前面一级的启动电压要高于后面一级的启动电压,二者相差 1.5 ~ 2.5倍。

(4)接地

防雷设备与接地设备息息相关,对每一环节的防雷都要做好接地工作。没有接地措施,一旦遇到雷击,会严重影响设备的安全性,轻则瘫痪,重则烧毁全部设备。

五、基站防雷接地系统的组成

移动基站防雷接地系统总体上由“一针一网两地排、三线入地三线进局”组成。

1.“一针”

一针”即一根避雷针,其作用是从被保护物体上方引导雷电流通过,并安全泄入大地,防止雷电直击,减小其保护范围内的设备和建筑物遭受直击雷的概率。基站天线和机房应在避雷针的45°角保护范围之内,如图1-5-6所示。

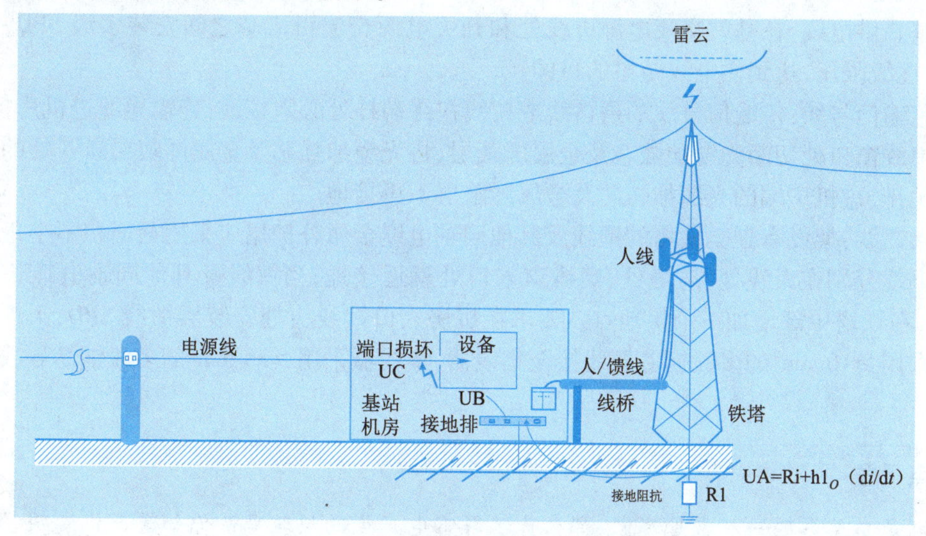

图1-5-6　避雷针保护基站天线和机房

2.“一网”

“一网”即一个联合地网,其作用是使基站内各建筑物的基础接地体和其他专设接地体互联互通形成一个公用地网,如图1-5-7所示。

①基站地网接地地阻建设时要求控制在5 Ω以内。

②基站机房地网与铁塔地网和变压器地网在地下必须通过不少于两个连接点焊接连通,地网之间超过30 m距离可不连通。地网网格不大于3 m×3 m,埋深不小于0.7 m。

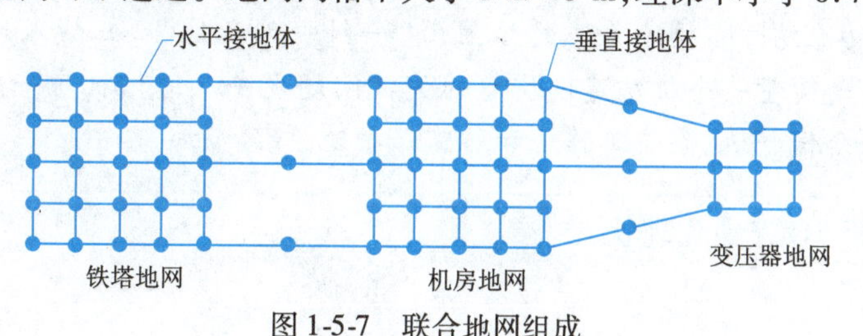

图1-5-7　联合地网组成

3.“两地排”

“两地排”即两个接地汇接排:避雷排、工作保护地排。

4.“三线入地”

“三线入地”即三个接地引下线:避雷针接地引下线、避雷地排接地引下线、保护地排接地引下线正确入地。

①避雷针接地引下线：通过 40 mm（宽）× 4 mm（厚）的热镀锌扁钢将避雷针接地引下线连接到联合地网上，要求远离机房侧。

②避雷地排引下线接地点和工作保护地排引下线接地点要远离塔角，三个接地引下线入地点在地网上相互距离尽量间隔 5 m 以上。

③避雷地排接地引下线和工作保护地排引下线的入地连接点必须与地网可靠焊接，与地排可靠连接。

5．"三线进局"

"三线进局"即三类引入线：基站供电线、传输信号线、天馈线正确引入机房。

①基站供电线：在基站交流电源进线处和开关电源交流引入端之间安装多级 SPD，实现多级防护，逐级限压，达到供电线防雷的目的。

②传输信号线：传输信号线的避雷线或拉线在终端杆处必须接地；传输光缆进机房前，统一采用在馈线窗口处切断光缆加强芯及金属屏蔽层，将光缆加强芯及金属屏蔽层断开处的远端接至避雷地排，进机房端的光缆加强芯及金属屏蔽层不再接地。

③天馈线：架设有独立铁塔的馈线及其他同轴电缆金属外护层应采用截面积不小于10 mm^2 的多股铜线分别在天线处、离塔处、馈线窗入口处就近接地；当馈线及其他同轴电缆长度大于 60 m 时，在铁塔中部增加一个接地点。要求在机房入口馈线头处安装天馈线 SPD，天馈线 SPD 接地线采用≥10 mm^2 的多股铜芯导线接至集线器，集线器采用≥35 mm^2 的多股铜芯导线接至避雷地排。

热点话题

雷电是自然界的一种常见现象，那么你了解雷电产生的原理吗？你知道是谁发明了避雷针吗？请分组讨论。

任务小结

本任务首先介绍了雷电的分类，雷电主要分为直击雷、感应雷和球形闪电。通信设备常常因为雷击而损坏，造成大面积以及长时间的通信中断，进而造成巨大的经济损失。然后介绍了防雷接地系统，移动基站防雷接地系统总体上由"一针一网两地排、三线入地三线进局"组成。接地系统是否良好是衡量一个机房建设质量的关键问题之一。通信机房一般具有四种接地方式：交流工作地、安全保护地、直流工作地和防雷保护地。

实践活动：调研 5G 产业化现状

一、实践目的

1．熟悉我国 5G 的产业化情况。

2．了解 5G 技术发展对我国带来的影响。

二、实践要求

通过调研、搜集网络数据等方式完成。

三、实践内容

1．调研我国 5G 技术产业联盟情况。

2. 调研中国运营商5G发展情况,完成下面内容的补充。

时间:

用户数:

设备总投资:

供应商:

3. 分组讨论:针对5G技术发展对我国带来的影响,请同学们从正反两个角度进行讨论,提出5G产业化的利与弊。

※思考与练习

一、填空题

1. 按项目执行的类型分,通信工程可分为一般施工项目和__________。

2. __________一般在技术相对落后地区较为流行。

3. 通信站点建设需要考虑站点的安全以及__________问题。

4. 在强磁场以及电场环境中,电子设备的信号将被干扰,导致通信质量__________。

5. 交钥匙项目在施工结束之后,即__________时,提供一个配套完整、可以运行的设施。

6. 移动通信网络分为__________、传输网和__________。

7. 基站部署于__________网,主要负责__________在无线侧的接入与管理。

8. __________网元协同对UE进行鉴权、计费和移动性管理等。

9. 根据3GPP的规划,5G有两种组网模式:__________和__________。

10. 5G无线侧网络由5G基站__________和4G基站__________组成。

11. 传输网由一系列运营商的交换和路由设备组成,主要用于传输__________与__________之间的控制信令与用户数据。

12. __________是接入和移动管理功能,是核心网里的CPU,功能相当于4G核心网中的MME网元的CM和MM子层。

13. Option2的方案中,无线侧为__________,核心网采用__________,UE的信令与数据都连接到__________。

14. 关于非独立组网架构,在3GPP TS 38.801中定义__________、__________以及Option7/7a/7x三大类部署架构方案。

15. 中兴的5G基站按照基带与射频分离设计,分为__________模块和__________模块,这两部分互相独立。

16. __________是射频系统单元,完成射频处理、正交调制解调、无线测量及其上报、载波功率控制、接收分集、校正以及同步功能等。

17. ZXRAN V9200是基于中兴通讯先进的RAN平台的下一代__________单元,可以置于中兴通讯多款室内型或室外型基站内,主要负责__________处理。

18. ZXRAN V9200支持GSM、__________、Pre5G和__________单模或者多模配置,使得运营商只需部署一张无线网络,与传统上要建设各自独立的网络相比。

19. 对ZXRAN V9200的操作维护包括__________维护和__________维护。

20. ____________是基带处理单元。完成空中接口的基带处理功能、与基站控制器的接口功能、对信令的处理功能、提供本地和远程操作维护功能以及基站系统的工作状态监控和告警信息上报功能。

21. ZXRAN A9611A S26一体化基站是集成天线、中频、射频的一体化形态的____________设备。

22. ZXRAN A9611A S26支持20 MHz、40 MHz、50 MHz、____________MHz、80 MHz、____________MHz信道带宽配置。

23. ZXRAN A9611A S26天线模块包括____________个天线振子，分为____________个单元组。

24. ZXSDR A9611A S26的操作维护方式包括____________操作维护和____________操作维护。

25. ZXRAN A9611A S26的____________接口是保护地接口。

26. 雷电可分为____________、____________和球形闪电。

27. ____________是指工频下交流电压均方根值升高，超过额定值的____________，并且持续时间大于1 min的长时间电压变动现象。

28. 通信局点的接地设计应按均压、等电位的原理设计，即工作接地、保护接地共用一组接地体的____________方式。

29. －48 V电缆为____________色，工作地线BGND为____________色，保护地线PGND为____________色。

30. 一般地阻仪测量出来的数值都是____________，接地电阻测试仪采用的测量方法为____________。

二、判断题

1. (　　)交钥匙项目一般在技术相对落后地区较为流行。

2. (　　)设计部门与施工部门，以及同一个通信网不同的施工部门之间，在建设同一个通信网络时，可以采用差异化的工作标准。

3. (　　)一般施工项目(又称合作施工项目)是包括规划、设计、生产、线缆建设、基础建设(机房、环境建设)、配套建设、系统集成等通信施工中所有工作的项目。

4. (　　)一般施工项目是雇主与施工队伍相互配合，施工团队根据雇主的设计文件进行施工的工程。

5. (　　)通信网的建设只有点、线、面全部具备时才能形成真正可使用的通信网络。

6. (　　)SA组网会使用部分4G基础设施，SA组网是通过4G基站把5G基站接入核心网。

7. (　　)ng-eNB给4G用户提供业务的基站。

8. (　　)UPF是用户平面功能，主要控制手机接入网络、认证手机身份。

9. (　　)在3GPP关于4G/5G融合网络部署方式中，Option2的方案是非独立部署的方案。

10. (　　)Option3的方案无线侧为5G NR，核心网采用5GC。

11. (　　)5G组网独立与否在于是否利用5G基础设施进行部署。

12. (　　)当前外场NSA场景一般采用Option7x架构。

13. (　　)Option3和Option7都以4G基站作为控制面锚点，即4G基站传输UE和核心网间的控制信令。

14.(　　)ZXRAN V9200 支持和 RRU/AAU 的星形/链形组网,两者之间通过网线连接。

15.(　　)链形组网方式的可靠性较高,但会占用较多的传输资源,适合于用户比较稠密的地区。

16.(　　)ZXRAN V9200 同时支持多种无线接入技术,只需要更换相应的单板和软件配置就可以支持从 GSM/UMTS/LTE 到 Pre5G/5G 的平滑演进。

17.(　　)ZXRAN V9200 采用 IP 交换模式,提供 1000GE、100GE、40GE、25GE、10GE、GE、FE 接口。

18.(　　)远端维护是由 PC 机通过以太网线与 ZXRAN V9200 直接物理相连,对其进行操作维护的方式。

19.(　　)ZXRAN V9200 同时只支持 5G 无线接入技术。

20.(　　)ZXRAN A9815 S26 支持 200 MHz/400 MHz 5G NR 载波。

21.(　　)ZXRAN A9611A S26 支持 TD-LTE 和 5G 制式。

22.(　　)本地操作维护是由 PC 机通过以太网线与 ZXSDR A9611 直接物理相连,对其进行操作维护的方式。

23.(　　)ZXRAN A9611A S26 的 MON/LMT 接口用于连接外置 RGPS 模块。

24.(　　)AAU 的 RUN 运行指示常亮表示系统加电但处于故障状态。

25.(　　)机房一般具有四种接地方式:交流工作地、安全保护地、直流工作地和防雷保护地。

26.(　　)保护地线应选用黄绿双色相间的塑料绝缘导线。

27.(　　)接地线可以从户外架空引入进。

28.(　　)户外设备应安装在避雷针保护范围内,即在 $LPZ0_B$ 区。

29.(　　)设备系统的边界处为末级防雷,通信设备对外端口为初级防雷,中间为次级防雷。

三、简答题

1. 简述交钥匙项目的定义。
2. 通信施工要规范化,主要是哪几个方面的原因?
3. 简述通信工程建设的特点。
4. 简单画出 5G 网络拓扑。
5. 用图的方式画出 Option2 方案。
6. 用图的方式画出 Option3x 方案。
7. Option3 和 Option7 两种方案的区别是什么?
8. Option3、Option3a 和 Option3x 三个子方案的区别是什么?
9. 简单描述 VSWc1 面板各接口功能。
10. 简单描述 RUN 指示灯的状态和说明。
11. 简单描述 ZXRAN A9611A S26 的底部接口功能。
12. 简单描述 AAU 的 RUN 指示灯的状态和说明。
13. 雷电击中建筑物引起的过电压,有哪些入侵途径?
14. 防雷的基本方法有哪些?

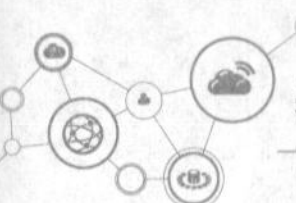

15. 中心机房的接地要求主要包括哪几点?
16. 移动基站防雷接地系统组成包括哪些?
17. 什么称为滚球法?

四、选择题

1. AMF 是主要控制手机接入网络、认证手机身份、让手机在各地移动能保持连接的模块,功能相当于4G 核心网中的(　　)网元的 CM 和 MM 子层。
   A. MME　　B. SGW　　C. PGW　　D. HSS
2. 在3GPP 关于4G/5G 融合网络部署方式中,(　　)的方案是独立部署的方案。
   A. Option3　　B. Option2　　C. Option7　　D. Option4
3. ZXRAN V9200 同时支持多种无线接入技术,包括(　　)。
   A. GSM　　B. UMTS　　C. LTE　　D. 5G
4. ZXRAN V9200 的单板包括(　　)。
   A. 交换板　　B. 基带处理板　　C. 通用计算板　　D. 环境监控板
5. VSWc1 包括下列哪些功能(　　)。
   A. 完成 LTE 控制面和业务面协议处理　　B. Abis/Iub/S1/X2 接口协议处理
   C. 提供 LMT 接口　　D. 提供 GPS 天馈信号接口
6. VSWc1 板的 ETH1-ETH2 的作用是(　　)。
   A. 10/25 Gbit/s SFP+/SFP28 光接口,用于连接传输系统
   B. 40/100 Gbit/s QSFP+/QSFP28 光接口,用于实现站间协同
   C. 1GE 电接口,用于连接传输系统
   D. 用于调试或本地维护的以太网接口
7. RUN 指示灯是灭的状态时表示(　　)。
   A. 加载运行版本　　B. 单板运行正常
   C. 外部通信异常　　D. 无电源输入
8. AAU 光接口状态指示绿色闪烁(0.3 s 亮,0.3 s 灭)表示(　　)。
   A. 光口光模块不在位　　B. 光模块收发异常
   C. 收到光信号但未同步　　D. 光口链路正常
9. ZXRAN A9815 S26 支持以下哪些功能(　　)。
   A. 支持200 MHz/400 MHz 信道带宽　　B. 支持24.75 GHz~27.5 GHz 工作频段
   C. 支持4T4R 通道数　　D. 支持5G NR 和 TD-LTE
10. ZXRAN A9815 S26 具有紧凑的设计,集成的射频处理,以及4T4R 收发器和(　　)个天线振子。
    A. 512　　B. 256　　C. 128　　D. 64
11. 光纤是 AAU 与(　　)之间的连接线缆。
    A. BBU　　B. 地网　　C. RGPS　　D. 电源
12. ZXRAN A9611A S26——MON/LMT 接口的作用是(　　)。
    A. MON 监控　　B. 本地维护
    C. 射频信号测试　　D. 外设监控及扩展

实战篇

掌握基站勘察与施工技能

引言

5G 基站工程勘察与设计是 5G 基站工程建设的核心部分,勘察与设计是否合格是项目能否顺利执行的关键。工程勘察中出现的勘察数据错误和工程设计的考虑不周全,可能导致整个工程物料的报废,使得整个工程项目的建设成本的增加,导致整个工程项目的验收与交接延期,影响公司与局方的合作关系,进而影响公司的信誉。因此,掌握 5G 基站工程勘察与设计的基本技能是非常有必要的。

5G 基站工程施工是将通信系统的各个组件按照一定顺序组成可以运行的系统的过程,一般在工程基础建设完成以后进行。基站工程安装一般在工程督导的监督下由施工人员完成。参与人员需要做哪些准备工作?有哪些要求?安装室内设备和室外设备要遵循怎样的流程?安装过程有哪些要点和注意事项?这些都是本篇要涉及和解决的问题。

学习目标

- 了解工程勘察需要的信息、资料、工具、文档准备工作。
- 熟悉可提供站点和规划站点的勘察流程及勘察原则。
- 熟悉站点勘察的实施和相关信息记录、熟悉机房勘察的勘察原则及实施。
- 熟悉机房设计原则、设计流程、草图绘制、工程制图、设计文件等内容。
- 通过实践掌握工程勘察与设计的流程与方法。
- 熟悉 5G 基站工程安装的质量标准和需要注意的事项。
- 熟悉安装前的准备工作内容,掌握开箱验货的准备、步骤和注意事项。
- 掌握室内外设备安装的方法和流程。

知识体系

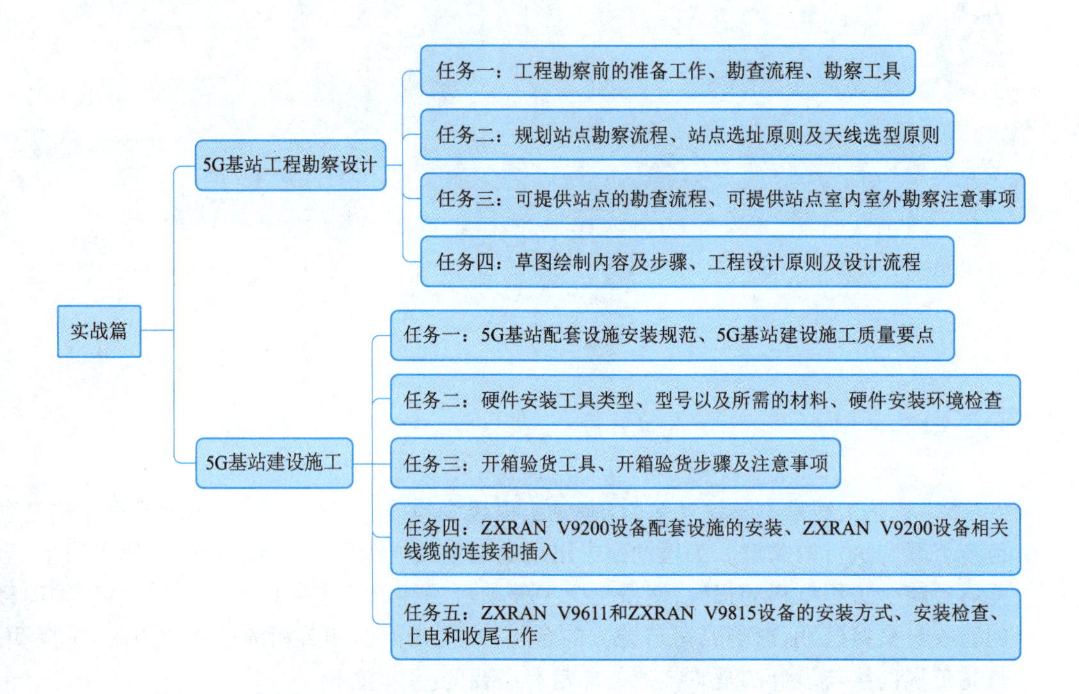

实战篇
5G基站工程勘察设计
任务一：工程勘察前的准备工作、勘查流程、勘察工具
任务二：规划站点勘察流程、站点选址原则及天线选型原则
任务三：可提供站点的勘查流程、可提供站点室内室外勘察注意事项
任务四：草图绘制内容及步骤、工程设计原则及设计流程
5G基站建设施工
任务一：5G基站配套设施安装规范、5G基站建设施工质量要点
任务二：硬件安装工具类型、型号以及所需的材料、硬件安装环境检查
任务三：开箱验货工具、开箱验货步骤及注意事项
任务四：ZXRAN V9200设备配套设施的安装、ZXRAN V9200设备相关线缆的连接和插入
任务五：ZXRAN V9611和ZXRAN V9815设备的安装方式、安装检查、上电和收尾工作

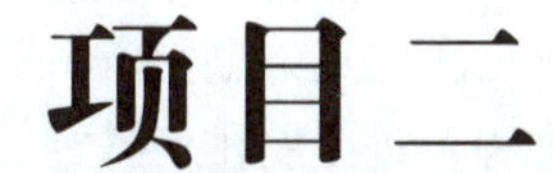

项目二 5G 基站工程勘察设计

任务一 工程勘察准备

任务描述

工程勘察的责任人在现场勘察之前必须做好充分的准备工作。通过本任务的学习，培养学生资料收集能力，具备常用工具的操作能力，能独立填写相关表格。

任务目标

- 识记：移动通信基础知识，工程勘察前要做的准备工作。
- 领会：勘察的流程。
- 应用：会操作 GPS、测距仪等常用工具和仪表，会填写相关表格。

任务实施

当工程师被指定负责一个工程的勘察后，该工程师就是该工程勘察的责任人。工程勘察的责任人在现场勘察之前必须做好充分的准备工作，具体如下：

一、工程信息准备

工程勘察负责人应和项目组取得联系，根据需要确定是否召开勘察协调会，获取本次工程的合同信息、工程计划、现场准备情况等。合同信息体现在合同清单、工程责任界面、组网图、技术建议书中，包含本次工程的规模、产品配置情况、工程责任界面等。工程计划由项目组和客户根据整个工程要求协商制订，工程勘察计划中的进度和安排应尽量配合工程计划。工程勘察联络单中包含现场情况的基本信息，要确认现场勘察条件、客户人员和车辆配合以及本次勘察中需要的例外工作等。

二、资料准备

资料准备工作包括：

①收集好勘察所需资料和数据，包括预规划报告、站址选择建议、网络建设要求信息、项目进程及进度安排信息等。

②了解运营商是否有4G站点可以共用。

③根据电子地图熟悉规划区域地形数据。

④根据预规划报告和仿真报告中的建议站点做好站点勘察计划。

⑤从无线网络规划师处获得无线网络预规划报告、无线网络预规划基站信息表、站点分布图。

⑥从项目管理员处获得站点信息采集表、规划区电子地图、覆盖距离估算工具、天线挂高估算工具、话务估算工具等。

三、工具准备

工程勘察需要的仪表和工具包括数码相机、罗盘、GPS、测距仪、笔记本电脑等必备仪表和工具，也包括卷尺、坡度仪、望远镜、海拔表、频谱仪等选配仪表和工具。

数码相机：用来拍摄中心基站四周的地理环境，供网络规划工程师选择无线传播模型时参考。

罗盘：用来测量站点各扇区的方位角，有的还具有天线俯仰角测试功能。

GPS：主要用来采集站点的经纬度，也可协助测量扇区方位角。GPS上显示的海拔高度误差较大，仅供参考，可以在没有海拔表的时候使用。

激光测距仪：用来测量楼层高度。

高倍望远镜：用来观察基站周围环境的细节，或铁塔平台上的细节。

笔记本电脑：用于处理数据、编写报告。

50 m皮卷尺：用于测量天线安装处距离地面的高度。

坡度仪：用来测量天线的俯仰角度。

海拔表：用于测量站点的海拔高度。

便携式频谱仪：用于确认该频段是否存在其他干扰信号。

四、文档准备

工程勘察用到的文档主要有《工程勘察任务书》《工程勘察计划》《网络规划站点勘察现场采集表》《网络站点勘察报告》《工程勘察报告》《合同问题反馈表》《工程勘察报告评审表》等。

五、勘察流程

基站站点勘察是在无线网络预规划的基础上进行的数据采集、记录和确认工作，以便为网络规划仿真工程师提供现场的具体信息。勘察的目的是选择合适的站点，以满足话务分布以及无线传播环境的要求。勘察在整个无线网络规划流程中的位置如图2-1-1所示。

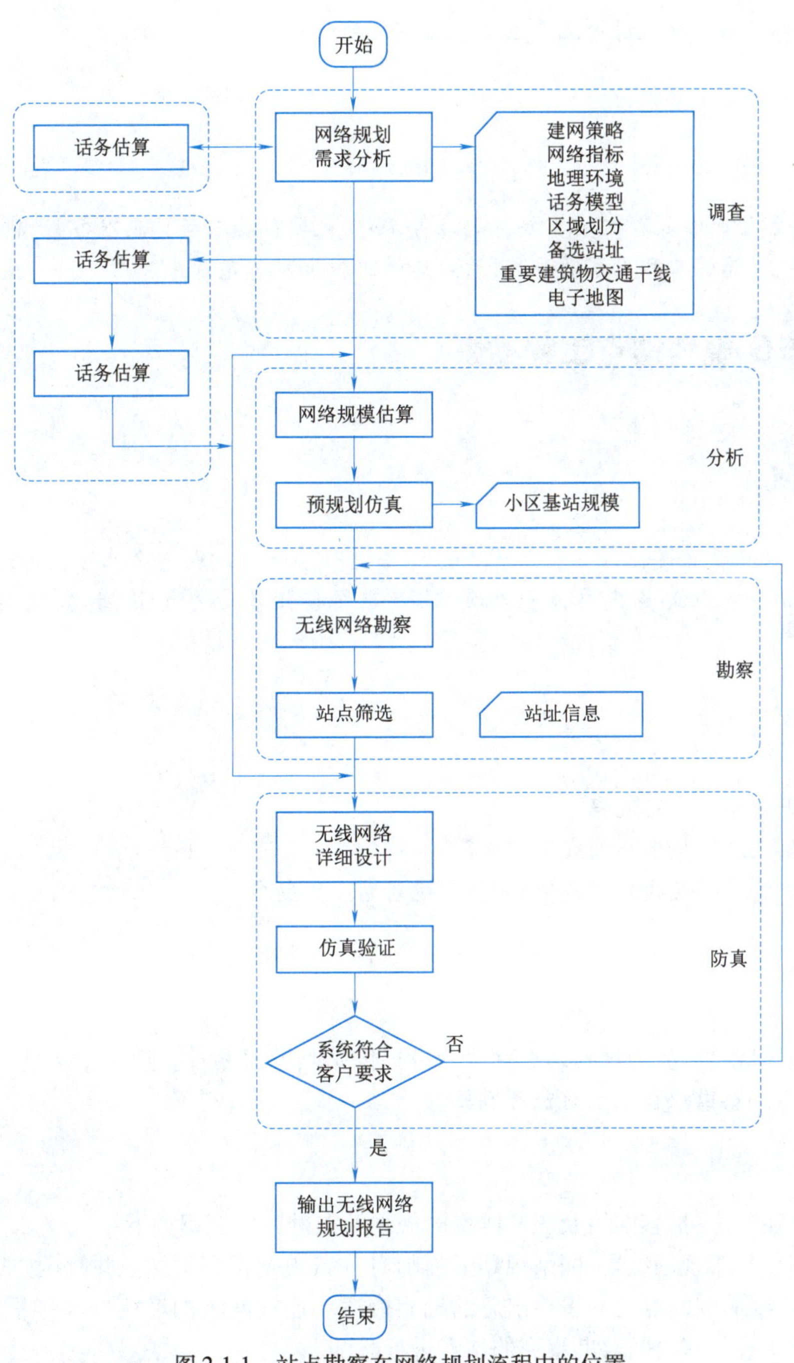

图 2-1-1 站点勘察在网络规划流程中的位置

热点话题

由中国自主研发的北斗卫星导航系统空间段由5颗静止轨道卫星和30颗非静止轨道卫星组成,提供两种服务方式,即开放服务和授权服务。开放服务是在服务区免费提供定位、测速和授时服务,定位精度为10 m。授权服务是向授权用户提供更安全的定位、测速、授时和通信服务以及系统完好性信息。美国的全球定位系统(GPS)是一个接收型的定位系统,只转播信号,用户接收就可以做定位了,不受容量的限制。

请查阅相关资料，分组讨论北斗卫星导航系统的优劣。

任务小结

本任务介绍了工程勘察之前需要做的准备工作，主要包括工程信息准备、资料准备、工具准备和文档准备，并简述工程勘察的流程，为后续的工程勘察奠定基础。

任务二　5G规划站点工程勘察

任务描述

勘察的流程和要点是什么？各勘察工具怎么使用？规划站点怎么选址？通过本任务的学习，使得学员领会规划站点勘察流程及要点，能熟练使用各勘察工具，具备规划站点勘察的能力。

任务目标

- 识记：规划站点勘察流程。
- 领会：站点选址原则及天线选型原则。
- 应用：能够进行天线安装条件的勘察、规划站点的勘察。

任务实施

站点勘察一般可以分为规划站点勘察和可提供站点勘察两种。规划站点勘察重点在于选址，可提供站点勘察重点在于已有资源勘察。

一、规划站点勘察流程

适用于新建网络、扩容网络及搬迁网络的规划站点勘察的流程如下：

①根据站点分布规划结果，网络规划工程师对分布规划得到的站点排序，按先勘察密集区中心站点，再勘察周围站点的顺序给出总的勘察顺序。连续两天的勘察任务尽量不要连成片，以便网络规划工程师有时间对勘察完的站点进行验证。

②如果密集区站点大多由站点分布规划得到，网络规划工程师和勘察工程师应一起对中心站点进行勘察，确保网络拓扑结构关键位置站点的质量。首先确定六个以上站点。如果密集区的站点大多是客户可提供站点，直接进入下一步。

③网络规划工程师提前一天通知勘察工程师所勘察的站点明细，提供准备勘察站点的基本信息，并在地图上标出来。勘察工程师做好准备工作，并通知客户联系人员第二天的勘察任务。

④勘察工程师对站点进行勘察，首先找到需要勘察站点的位置。站点位置的确定，要根据

网络拓扑结构的设计。所勘察站点位置与网络拓扑结构设计的站点位置相差要在网络拓扑设计站点覆盖距离的 1/4 以内。

⑤根据勘察站点明细，对每个规划站点尽可能地选择 2 ~ 3 个候选站点，候选站点必须能够满足理想站点的条件（可以采用某些措施）。如果规划站点附近有客户可提供站点，只有在客户可提供站点不合适的条件下才选择其他位置。

⑥填写《网络规划站点勘察报告》。勘察报告中，经纬度、天线挂高、扇区朝向、周围环境描述、遮挡情况、共站信息等是关键项目，不能缺少。

⑦网络规划工程师根据勘察进展和当天勘察结果，制订第二天的勘察计划。制订计划的时候可以将存在问题的站点放到一组，由网络规划工程师和勘察工程师一起勘察。

⑧网络规划工程师根据勘察报告及周围站点情况给每个站点选择合适的站型及天线。

⑨每天勘查站点后，若出现和设计院、客户意见不一致的地方，例如天面的选择、天线安装位置、天线方位角设置等，要及时上报，以方便进一步的协调和沟通。

二、站点选址原则

基站的勘察选址工作是在无线网络预规划的基础上，由运营商的代表和无线网络勘察工程师共同完成。无线网络勘察工程师通过勘察、选址工作，掌握每个站点的具体位置和周围电磁波传播环境以及用户密度分布情况。一般来说，选择站址主要从场强覆盖、话务密度分布、建站条件、成本等几个方面来考虑。

基站的勘察选址具体要遵循以下原则：

①站址应尽量选择在规划蜂窝网孔中规定的理想位置，如图 2-2-1所示，以便频率规划和以后的小区分裂。其偏差不应大于基站小区半径的 1/4。

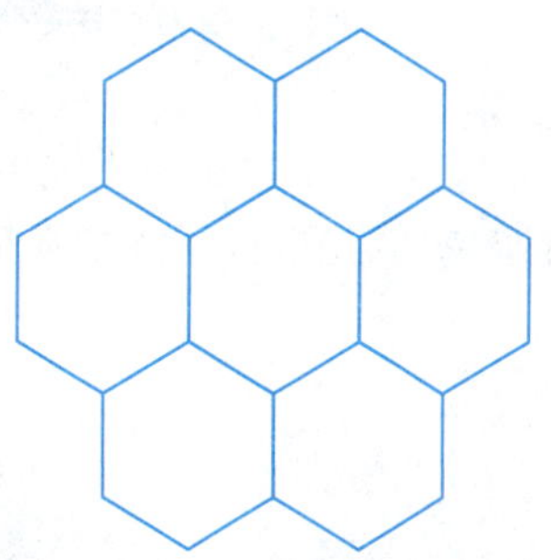

图 2-2-1　站址选择在规划蜂窝网孔的理想位置

②基站的疏密布置应对应于话务密度分布，如图 2-2-2 所示。

③在建网初期投入站点较少时，选择的站址应保证重要用户和用户密度较大区域的覆盖，如图 2-2-3 所示。

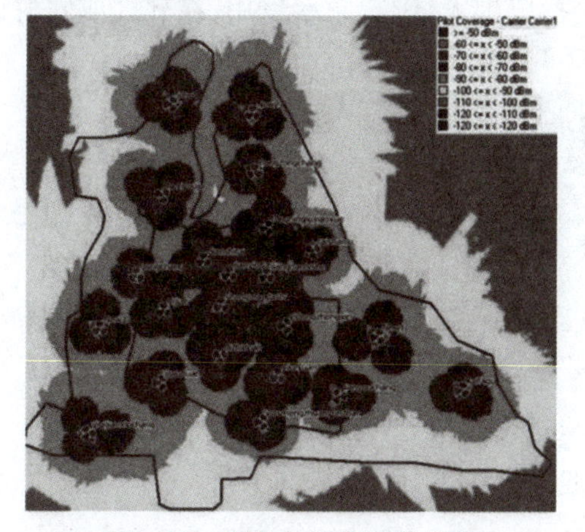

图 2-2-2　基站与话务密度分布

图 2-2-3　建网初期选址

④在勘察市区基站时，对于宏蜂窝（R = 1 ~ 3 km）基站，宜选高于建筑物平均高度但低于最高建筑物的楼宇站；对于微蜂窝基站，则选低于建筑物平均高度且四周建筑物屏蔽较好的楼宇设站。

⑤在勘察郊区或乡镇站点时，需要对站址周围是否有受到遮挡的大话务量地区进行调查，如图2-2-4所示。

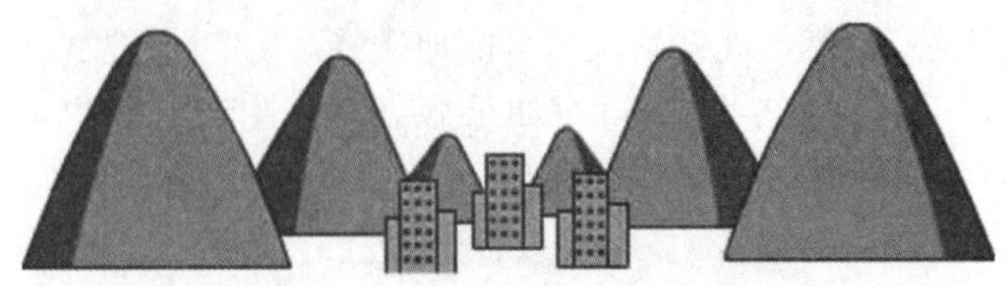

图2-2-4　郊区和乡镇站点选址

⑥在市区楼群中选址时，应避免天线指向附近的高大建筑物或即将建设的高大建筑物，如图2-2-5所示。

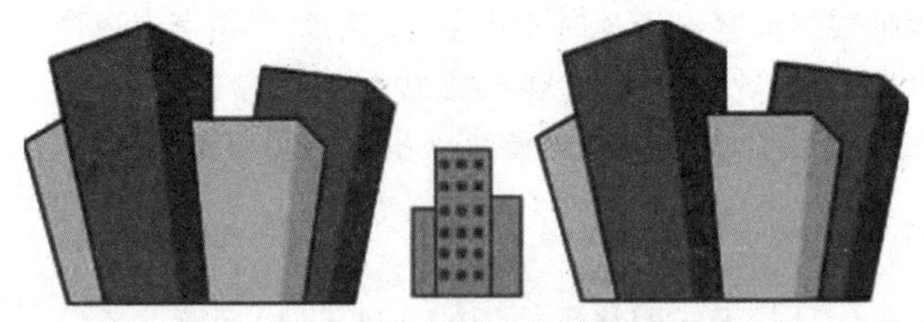

图2-2-5　市区楼群选址

⑦避免在大功率无线电发射台、雷达站或其他干扰源附近设站，如图2-2-6所示。如果不可避免，应先进行干扰场强测试。

图2-2-6　选址避免干扰源

⑧避免在高山上设站。在城区设高站会造成干扰范围大，影响频率复用；在郊区或农村设高站往往造成对处于小盆地的乡镇覆盖不好，如图2-2-7所示。

图2-2-7　避免高山设站

⑨避免在树林中设站。如不可避免，应保证天线高于树顶，如图2-2-8所示。

图 2-2-8　树林设站

⑩保证必要的建站条件。对于市区站点，要求楼内有可用的市电及防雷接地系统，楼面负荷满足工艺要求，楼顶有安装天线的场地。对于郊区和农村站点，要求市电可靠、环境安全、交通方便、便于架设铁塔等基建设施。

⑪如图 2-2-9 所示，所选站址的供电方式，尽量不要采用农电直接供电，否则可能会因为电压不稳而影响基站的正常工作。

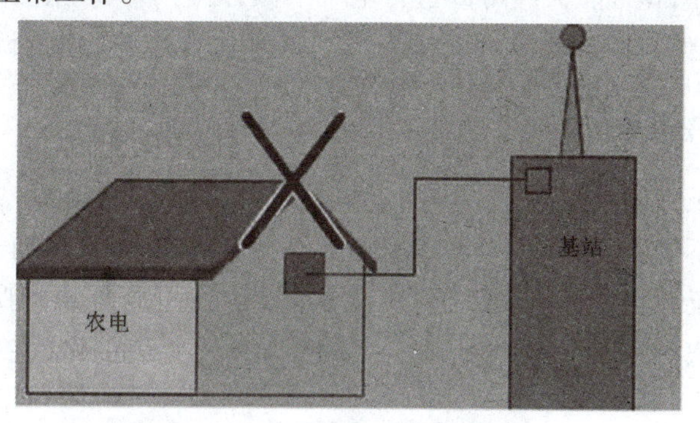

图 2-2-9　避免农电直接供电

⑫市区两个系统的基站尽量共址或靠近选址，如图 2-2-10 所示。

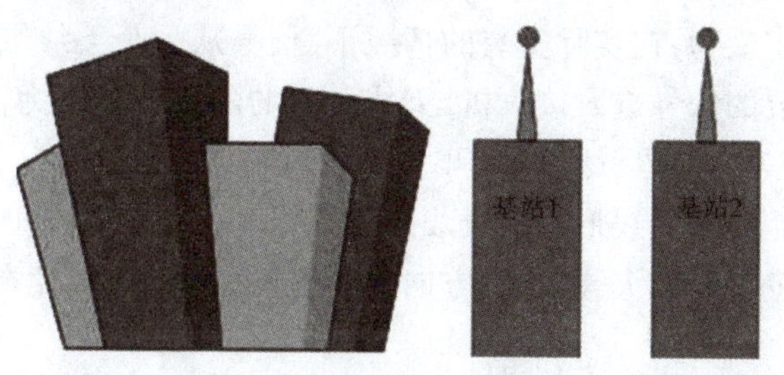

图 2-2-10　基站共址

⑬一般在勘察前，运营商对站址选择有总体设想，有些站点甚至会有确定的站址。勘察工程师可根据以上原则，判断局方选择的站址是否合适。如不合适，可勘察更合适的备选站址，并向局方说明原因、提出建议，由局方最终决定。此项工作需书面确认。

三、天线选型原则

在网络规划和网络优化工作中，一般关心天线的增益、辐射方向图、水平波瓣宽度、垂直波

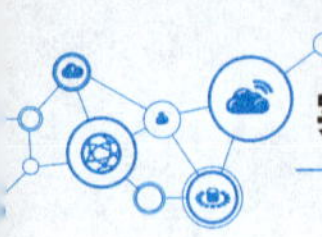

瓣宽度和下倾角度这几个参数。

①增益的选择:增益是天线的重要参数,不同的场景要考虑采用不同的增益。对于密集城市,覆盖范围相对较小,增益要相对小些,以降低信号强度,减少干扰。对于农村和乡镇,增益可以适度加大,达到广覆盖的要求,增大覆盖的广度和深度。对于公路和铁路,增益可以比较大,由于水平波瓣宽度较小,增益较高,可以在比较窄的范围内达到很长的覆盖距离。

②水平波瓣宽度的选择:基站数目较多、覆盖半径较小、话务分布较大的区域,天线的水平波瓣宽度应选得小一点;覆盖半径较大、话务分布较少的区域,天线的水平波瓣宽度应选得大一些。对于业务信道定向赋形,全向天线的水平波瓣宽度的理论值为35°;定向天线在0°赋形时水平波瓣宽度的理论值为12.6°,40°赋形时水平波瓣宽度的理论值为17°。在城市适合选用水平波瓣宽度为65°的三扇区定向天线,在城镇可以选择水平波瓣宽度为90°,在农村则可以选择105°,对于高速公路可以选用水平波瓣宽度为20°的高增益天线。

③垂直波瓣宽度的选择:覆盖区内地形平坦,建筑物稀疏、平均高度较低的,天线的垂直波瓣宽度可选得小一点;覆盖区内地形复杂、落差大,天线的垂直波瓣宽度可选得大一些。天线的垂直波瓣宽度一般为5°~18°。

④下倾角的选择:圆阵智能天线可以进行电子下倾,但电子下倾角度不是任意可调,一般是厂家预置,下倾角度为0°~8°。线阵列天线尚不能进行电子下倾角度的调节。

四、天线安装条件勘察

天线安装环境和条件的勘察是无线网络勘察的重要组成部分,在勘察时需注意以下事项:

①天线的方向图不能因为天线周围障碍物的反射和遮挡发生严重畸变。

如果有障碍物或反射物体靠近天线,天线的方向图会发生畸变。一般要求在天线的辐射扇区内避免遮挡。辐射扇区一般定义为,在水平方向为天线覆盖扇区,在垂直方向为第一菲涅尔区。

②天线之间的隔离度,包括发射天线和发射天线之间的隔离度、发射天线和接收天线之间的隔离度、不同系统之间天线的隔离度。

天线之间的隔离度定义为,在实际安装的情况下,信号从一个天线端口到另一个天线端口的衰减。为了避免不需要的信号进入接收机,天线之间的隔离度要求为,两发射天线之间以及发射和接收天线之间,隔离度至少大于30 dB。为了得到要求的隔离度,天线之间的距离必须满足一定的要求。这个距离同天线形式和天线配置有关。一般来说,全向天线间的水平安装距离比定向天线间的水平安装距离大,在垂直方向安装的天线间的距离比在水平方向安装的天线间的距离小。

热点话题

随着5G的逐步推进,新建站点会越来越多,而且5G每个基站的覆盖距离较近。此种情况下,如何减小站间干扰?

请查阅相关资料,分组讨论。

任务小结

站点勘察一般可以分为规划站点勘察和可提供站点勘察两种。规划站点勘察重点在于选址，本任务详细介绍了规划站点勘察流程以及选址原则，以及天线选型时需重点关注的天线的增益、辐射方向图、水平波瓣宽度、垂直波瓣宽度和下倾角度这几个参数，天线安装环境和条件的勘察是无线网络勘察的重要组成部分，本任务对其勘察注意事项做了详细介绍。

任务三　学会5G可提供站点工程勘察

任务描述

可提供站点又称利旧站点，本任务主要介绍可提供站点勘察流程，并详细介绍基站室内勘查的注意内容以及室外勘察需要关注的信息。

任务目标

- 识记：可提供站点的勘察流程。
- 领会：可提供站点室内室外勘察的注意事项。
- 应用：能够进行可提供站点的勘察实践操作。

任务实施

一、可提供站点勘察流程

适用于新建网络、扩容网络及搬迁网络的客户可提供站点勘察的流程如下：

①网络规划工程师根据对规划区域地形地貌了解情况，对需求分析阶段得到的客户可提供站点进行筛选，给出需要在当前阶段勘察的客户可提供站点。

②网络规划工程师给无线网络勘察工程师提供《可提供站点勘察清单》，在地图上标出需要勘察站点的位置。勘察工程师作好勘察前的准备工作。

③勘察工程师每天通知客户联系人员第二天的勘察任务，由客户联系人员联系好准备勘察的站点（准备钥匙、确保能上到天面等）。对于没有客户联系人员陪同的情况，勘察工程师从客户相关人员处领到钥匙。

④勘察工程师和客户联系人员找到需要勘察的可提供站点，根据《网络规划站点勘察现场信息采集表》，对站点进行勘察，记录需要填写的内容。勘察报告中，经纬度、天线挂高、扇区朝向、周围环境描述、遮挡情况、共站或原有站点信息等是关键项目，不能缺少。

⑤完成当天的勘察任务后，勘察工程师将勘察情况记入《网络规划站点勘察报告》，根据网络规划工程师要求按时提交。

⑥网络规划工程师根据勘察报告检查每个站点是否满足站点选用原则，对不满足要求的站点不能选用。

⑦网络规划工程师根据勘察报告及周围站点情况，给可选用站点选择适合的站型及天线。

⑧网络规划工程师提供每天勘察站点明细表，绘制无线网络拓扑设计结构图，给勘察工程师使用。

⑨每天勘查站点后，若出现和设计院、客户意见不一致的地方，例如天面的选择、天线安装位置、天线方位角设置等，要及时上报，以方便进一步的协调和沟通。

二、提供站点室内勘察

基站机房指的是放置基站的场所。机房的位置和机房内的设施是否齐全必须在勘查时予以确认。

基站室内勘查应注意以下内容：

①机房应避免设置于地下室或潮湿地点，同时禁止设置在设备进出口过小、搬运不便的地方，应保留或设计足够大的出入口。此外，还应注意为将来设备扩充预留空间。

②应避开电磁场、电力噪声、腐蚀性气体或易燃物、湿气、灰尘等其他有害环境。

③需注意机房楼面承受力的问题，比较重的设备，需往建筑物外围放置，或以柱子和大楼桁梁为中心放置，以免楼板面承受力不足。

④严禁机房靠近水源，墙壁内部水源管路不能经过机房顶部及底部。

⑤机房内部不宜受到阳光直接照射，以免产生不必要的热能，增加电力负载。空调设备需采用下吹式恒温恒湿空调机组。水冷式空调机组需采用独立管路，不得与大楼水塔连接。

⑥事前取得的资料、工程设计图等得到机房在站点的具体位置（楼层、高度），在勘察中得到机房和天线设立位置的方位关系、距离。

⑦勘察时往往还没有安装设备，应对房间和楼梯的位置、楼道的宽度、层高、房间内原有的门窗等进行测量，确定是否要进行改造以满足设备搬入的要求。

⑧对机房内的照明设施进行检查，确保机房内的照明环境。检查机房内有无 220 V 的交流电源插座，确保后期基站安装时可以使用电动工具。

⑨对房间的地面进行检查，确认是否要铺设地板。检查有没有防静电的措施。

⑩确定商用交流电的位置，确认开关电源的位置和容量，测量电源电缆的走线距离（从开关电源到基站）。

⑪确认密封蓄电池组的位置和容量。

⑫根据事先取得的资料确定走线架的位置和走向；测量电缆走线架的端墙连接，离机房地板的高度，走线架的长度和宽度；测量电缆走线架与主设备顶端的垂直距离。

⑬确认接地排的位置，测量地线的走线距离。

⑭确认 IDF/DDF 的方位，测量其离地高度和走线架的垂直距离及走线距离。

⑮确认机房是否需要新开馈线洞。测量馈线洞的高度、尺寸和大小。

⑯检查空调的制冷容量，机房温度要求保持在 5 ℃ ~ 30 ℃，机房湿度要求保持在 40% ~65% 。

⑰机房内的接地排接地电阻要求小于 5 Ω。

⑱主设备的电源供给关系到工程实施的顺利进行，在基站勘查时要确认以下的事项：

a. 确认公用交流电的入口。

b. 确定交流配电箱的位置和容量。

c. 确认是否需要直流开关电源，确定其具体的方位，这会计算电源电缆长度的计算。

d. 确认电源电缆的走线路径，以及是否需要室内电缆走线架需要。

e. 在安装前需获取公用交流电。

f. 观察或预估室内走线架的安装位置，测量室内走线架的长度、高度、宽度，以及与主设备的方位关系。如果走线的路径有任何改变、弯曲，需对拐点的情况进行详细的测量。

g. 根据测量数据计算电源电缆的长度。

h. 按要求的规格购买电源电缆并进行切割，以备工程使用。

⑲确定机房内接地排的位置和基站的方位关系，测量所需地线的长度，确认交流引入电缆、交流配电箱、电源架接地、传输设备和其他设备的接地。

⑳根据机房内的空间环境，对设备进行布局设计，并画出设备布局摆放草图。

三、可提供站点室外勘察

基站室外勘察主要关注自然环境、室外接地点、天线设立位置等信息，具体要求如下：

①确认可提供站点当地的风力、雷电、雨水、气温、湿度情况，根据这些自然环境情况，确定防风固定、避雷接地、防水处理、防锈处理等施工措施。

②确定楼顶避雷带和建筑地级组的位置，选择合适的接地点，并测量室外接地点的接地电阻，确保小于 5 Ω。

③根据天线的安装要求，结合站点周边的环境和屋舍的高度考虑是否需要建铁塔。

④如站点已经存在铁塔，则考虑能否继续利用。需明确铁塔的物主、原来的用途，并委托客户对使用权进行交涉、协商。同时应考察铁塔的具体方位并测量铁塔的高度、尺寸，检查铁塔的强度是否符合要求，以及塔上有无足够利用空间。塔上若已存天线，则要考虑干扰的预估和排除。如果能有效、快速地改造铁塔，且铁塔的各方面情况都能符合要求，则推荐使用原有铁塔。这样可以节约工时和开支。

⑤根据取得的图纸和勘察时拍摄的照片以及测量数据得出屋舍的全图，确定铁塔在站点的位置，与机房的方位、距离关系。必须对铁塔和机房的距离、方位关系进行严格的测量，并根据测量数据画出图纸。

⑥根据铁塔和机房的具体方位关系，结合站点的实际情况来确定室外线缆的走线路径。必须根据测量的情况选取最短的走线路径。

⑦确认是否需要新的馈线架。如果需要，根据室外线缆的走线路径来确定馈线架的尺寸。如果站点已存在馈线架，则应对能否利用、强度、长度等问题予以确认。

⑧确定天线在天面上的安装位置。勘察天线安装位置时需确认以下问题：

a. 安装天线的高度。

b. 安装天线的用途。

c. 安装天线的铁塔或抱杆等的强度。

d. 是否有空间对指定方向（如 0°，120°，240°）的天线进行安装。

e. 是否有天线接续场所。

⑨室外线缆自铁塔（抱杆）下至室外线缆走线架，入机房前应考虑接地，确认这些接地点的存在。

⑩确认是否需要室外线缆穿墙板。若需要，则应确认穿墙板的规格（两孔、四孔、六孔）、孔径的大小等。此外，还应确认室外线缆和走线架的固定问题，以及所需工具和材料。

热点话题

可提供站点主要就是采用以前旧的站址，又称利旧站点，如果某4G站点还没退网，4G/5G共站情况下，区域内的移动终端是使用4G还是5G开展业务？该站点是如何为区域内的移动终端服务的？

请查阅相关资料，分组讨论。

任务小结

本任务首先介绍了适用于新建网络、扩容网络及搬迁网络的客户可提供站点勘察的流程。基站机房指的是放置基站的场所。机房的位置和机房内的设施是否齐全必须在勘查时予以确认。在勘察时，机房勘察是其中非常重要的一部分，本任务详细说明了室内外勘察注意事项。基站室外勘查主要关注自然环境、室外接地点、天线设立位置等信息。

任务四　掌握5G站点工程设计与制图

任务描述

工程设计是站点勘察之后的数据材料总结和输出工程设计文件的过程。本任务学习工程设计原则和设计流程，学习完本任务，使学员具备草图绘制、工程制图能力，基本具备输出设计文件的能力。

任务目标

- 识记：草图绘制内容及步骤。
- 领会：工程设计原则、设计流程。
- 应用：工程制图过程及设计文件和安装设计书的完成。

任务实施

工程设计是在现场勘察结束之后，对勘察得到的数据，特别是对通信设备的安装地址、安装方式、安装结构等的一个工程规划过程，是设计工程师依据建设工程所在地的自然条件、社会要求、设备性能和有关设计规范，运用当代科技成果，将用户对拟建工程的要求及潜在要求，转化为建设方案和图纸，并参与实施，提供服务，最终使用户（业主）获得满意的使用功能和经济效益,并且有良好的社会效益的一项重要工作。

一、工程设计原则

①满足间距要求:主走道≥1 200 mm,副走道≥800 mm,第一排机柜正面距墙至少800 mm。

②要根据局方总的扩容规划考虑扩容需要的空间并预留扩容位置。

③有利于走线,避免发生交、直流电源线和信号线走线冲突。

④设计的合理性、安装的可行性、机房的美观性等方面也要考虑。

⑤走线设计原则:沿机柜后沿走线;沿主/副走道走线;电源线与传输线、信号线、告警线尽量分开走线。如必须平行走线,则间距应大于 200 mm。

二、工程设计流程

①由工程设计经理制订工程设计计划,并制订《工程设计计划表》,同时向工程设计工程师发出《工程设计计划通知》。

②工程设计工程师接到《工程设计计划通知》后,首先根据工程勘察的《工程勘察报告》及相应的产品工程指导手册,进行工程设计文件的编制,编写出《工程设计文件》,并把《工程设计文件》送给工程设计审核工程师进行审核与评定。

③工程设计审核工程师对《工程设计文件》进行审核和质量评定,并编制《工程设计文件审核表》。如果《工程设计文件》不合格,将被工程设计审核工程师退回到工程设计工程师处,由工程设计工程师进行修改,修改好之后再次提交给工程设计审核工程师,直到审核通过为止。若《工程设计文件》合格,则由工程设计审核工程师签署《工程设计文件审核表》,并把《工程设计文件》提交给工程督导。

④工程督导根据产品的《硬件安装手册》和《勘察报告》以及国家对电信行业的一些要求对《工程设计文件》进行可行性评估,进而确定是否需要更改设计。如果不需要更改设计,就对现场资料进行整理和完善,并把资料送给文员。

⑤文员将相关资料进行归档,整个工程设计结束。

在步骤④中,如果《工程设计文件》与工程施工不相符,就要对《工程设计文件》进行更改。此时由工程督导需填写《设计更改申请表》,并将它提交给工程设计工程师。

工程设计工程师收到工程督导的《设计更改申请表》之后,对其中的每一项进行评估,并判断是否需要修改《工程设计文件》。如果不需要修改,就对《设计更改申请表》进行驳回,同时将《工程设计文件》退回给工程督导。如果需要个性,则作出相应的处理,并在修改之后《工程设计文件》再次提交给工程设计审核工程师。重复步骤③~⑤,直到整个工程设计流程结束。

三、工程草图绘制

为了能够在网络规划阶段利用工程勘察人员绘制的草图,要求工程草图中提供网络规划关心的信息。绘制草图的总原则为:在表达清楚的前提下,图纸尽可能简单易懂。

1. 绘制正北方向

绘制过程中,一般可以根据建筑物的形状和走势来确定其在图纸上的布局。故首先应确定正北方向。若图纸中的垂直向上方向即为正北方向,则采用图 2-4-1 表示。

如正北方向相对图纸中的垂直向上方向北偏东30°，则采用图2-4-2表示。
如正北方向相对图纸中的垂直向上方向北偏西30°，则采用图2-4-3表示。

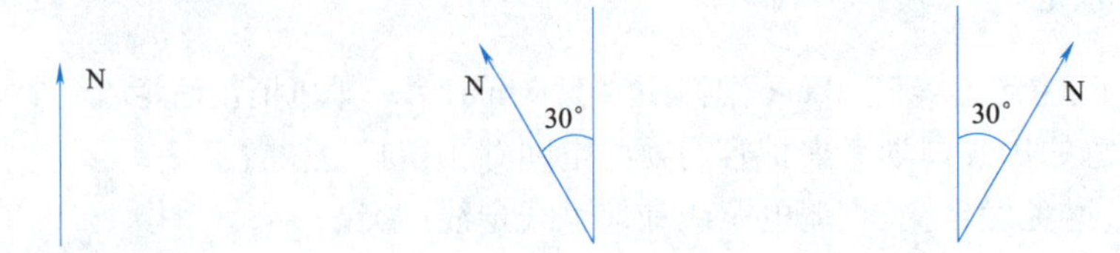

图2-4-1　正北指示　　图2-4-2　北偏东30°指示图　　图2-4-3　北偏西30°指示图

2. 绘制天面图

如图2-4-4所示，在绘制天面图时，需要对关键部分进行长度等标注，力求准确。另外，若天面上存在电梯房或者水塔房，需要对其进行绘制和标注。

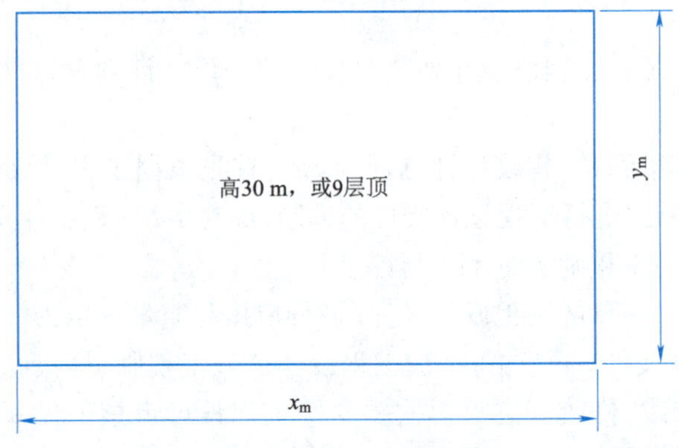

图2-4-4　天面图示例

3. 绘制天线抱杆位置

天线抱杆符号：⊗。

绘制天线抱杆位置时，应标注天线朝向，如图2-4-5所示。若天线抱杆位于天面的某个凸台上，需注明凸台高度。

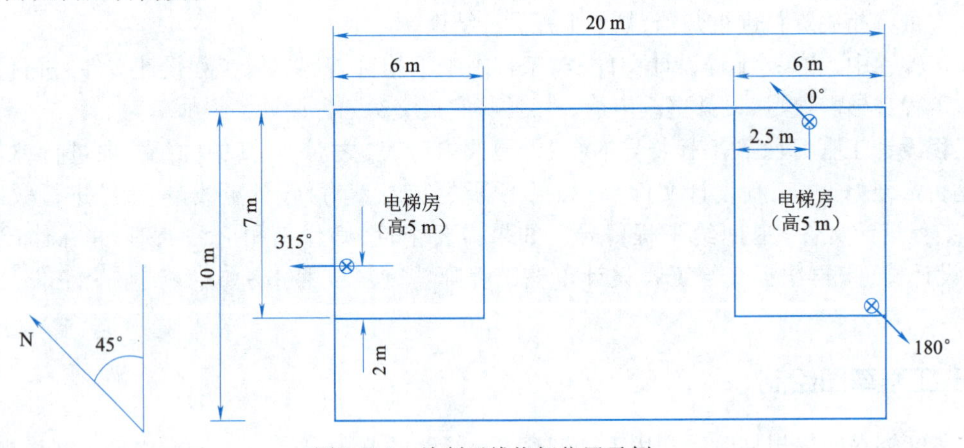

图2-4-5　绘制天线抱杆位置示例

4. 绘制GPS天线位置

GPS天线与天线抱杆的符号相同，绘制GPS天线位置时，可根据天面具体情况简化尺寸的绘制，并在GPS天线抱杆旁边注明该抱杆为GPS天线抱杆。

5. 绘制微波杆位置

微波杆符号：☆。

微波天线抱杆位置的绘制方法与天线抱杆位置的绘制方法基本相同，区别在于采用不同的表示符号，且不需要绘制微波杆朝向。

6. 绘制天面上可能影响天线安装或遮挡天线的设施

若天面上有可能影响天线安装若遮挡天线的设施，如大型广告牌等，需要绘制这些设施的点地区域边界及相关的尺寸，并注明其高度。

7. 绘制馈线走线图

馈线走线图符号：。

图 2-4-6 所示为绘制馈线走线图示例。

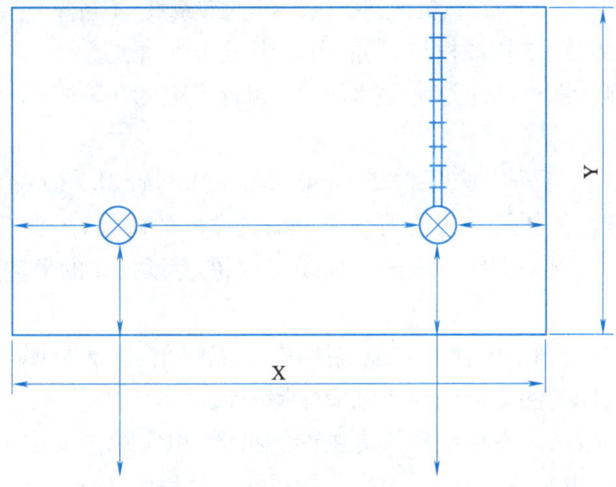

图 2-4-6　绘制馈线走线图示例

8. 绘制馈线窗入口位置

馈线窗入口位置符号：

图 2-4-7 所示为绘制制馈线窗入口位置示例。

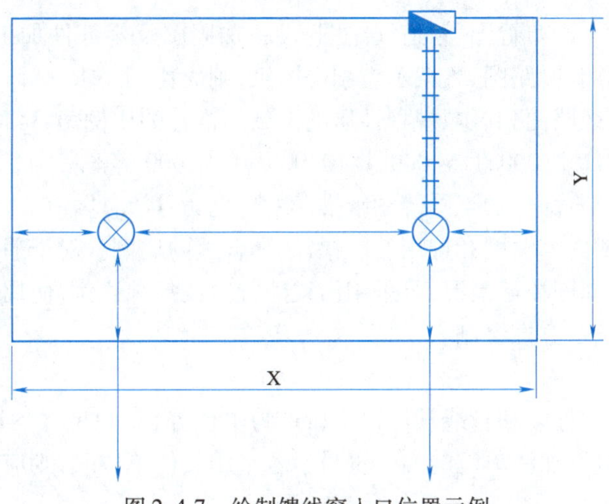

图 2-4-7　绘制馈线窗入口位置示例

四、工程制图

1. 图幅尺寸

工程设计图纸幅面和图框大小应符合国家标准的规定，一般应采用 A0、A1、A2、A3、A4 及其加长的图纸幅面。当上述幅面不能满足要求时，可按照《机械制图图纸幅面及格式》的规定加大幅面。应根据描述对象的规模大小、复杂程度、所要表达的详细程度、有无图衔及注释的数量来选择较小的合适幅面。

2. 图线类型及应用

(1)图线的类型

①实线：用作基本线条，如图纸主要内容用线、可见轮廓线、可见导线。

②虚线：用作辅助线条，如屏蔽线、机械连接线、不可见轮廓线、不可见导线、计划扩展内容用线。

③点划线：用作分界线、结构图框线、功能图框线、分级图框线。

④双点划线：用作辅助图框线，可表示更多的功能组合或从某图框中区分不属于它的功能部件。

(2)图线的应用

图线的宽度一般从以下系列中选用：0.25 mm、0.35 mm、0.5 mm、0.7 mm、1.0 mm、1.4 mm。

通常只选用两种宽度的图线。粗线的宽度为细线宽度的两倍，主要图线用粗线，次要图线用细线。对复杂的图形也可采用粗、中、细三种线宽，线的宽度按 2 的倍数依次递增。线宽的种类不宜过多。

使用图线绘图时，应使图形的比例和配线协调、重点突出、主次分明。在同一张图纸上，按不同比例绘制的图样及同类图形的图线粗细应保持一致。

细实线是最常用的线条。在以细实线为主的图纸上，粗实线主要用于主回路线、图纸的图框线及需要突出的线路、电路等。指引线、尺寸标注线应使用细实线。

当需要区分新安装的设备时，则粗线表示新建设备，用细线表示原有设备，用虚线表示规划预留部分。

并行线之间的最小距离不宜小于粗线宽度的两倍，最小不能小于 0.7 mm。

3. 图形的比例

对于建筑平面图、平面布置图、管道线路图、设备加固图及零部件加工图等图纸，一般应有比例要求；对于系统框图、电路图、方案示意图等图纸，则无比例要求。

对于平面布置图、线路图和区域规划性质的图纸。推荐的比例为：1∶10，1∶20，1∶50，1∶100，1∶200，1∶500，1∶1 000，1∶2 000，1∶5 000，1∶10 000，1∶50 000 等。

对于设备加固图及零部件加工图等图纸推荐的比例为：1∶2，1∶4 等。

应根据图纸表达的内容深度和选用的图幅，选择合适的比例。对于通信线路及管道类的图纸，为了更方便地表示周围环境情况，可采用沿线路方向按一种比例，而周围环境的横向距离采用另外的比例或基本按示意性绘制。

4. 尺寸标注

图中的尺寸单位，除标高和管线长度以米(m)为单位外，其他尺寸均以毫米(mm)为单位。按此原则标注的尺寸可不加注单位的文字符号。若采用其他单位时，则应在尺寸数值后加注计量单位的文字符号。

尺寸界线用细实线绘制，两端应画出尺寸箭头，指到尺寸界线上，表示尺寸的起止。尺寸箭头宜用实心箭头，箭头的大小应按可见轮廓线选定，其大小在图中应保持一致。

尺寸数值应顺着尺寸线方向写并符合视图方向。数值的高度方向应和尺寸线垂直，并不得被任何图线通过。当无法避免时，应将图线断开，在断开处填写数字。

有关建筑用尺寸标注，可按《建筑制图标准》要求标注。

5. 常用图例

①窗户图：如图 2-4-8 所示。

②混凝土（砖）墙：如图 2-4-9 所示。

图 2-4-8　窗户　　图 2-4-9　混凝土（砖）墙

③混凝土柱子：如图 2-4-10 所示。

④穿墙电缆孔洞：如图 2-4-11 所示，其中穿墙电缆孔洞尺寸为 400 mm ×150 mm，下沿地面的高度为 3 300 mm。

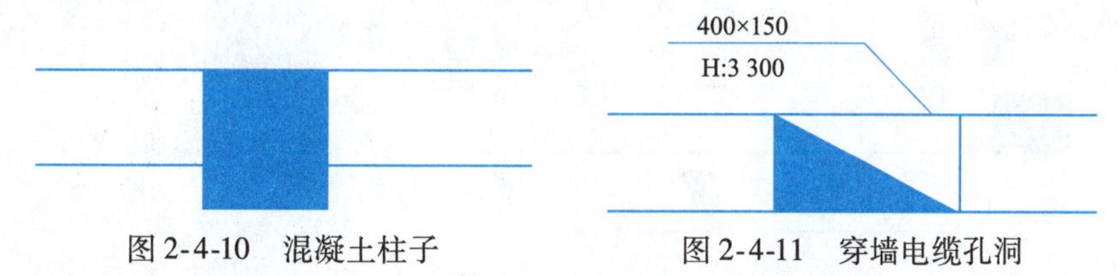

图 2-4-10　混凝土柱子　　图 2-4-11　穿墙电缆孔洞

⑤水平电缆走线架如图 2-4-12 所示，其中水平电缆走线架宽度为 400 mm，下沿距地面高度为 2 400 mm。

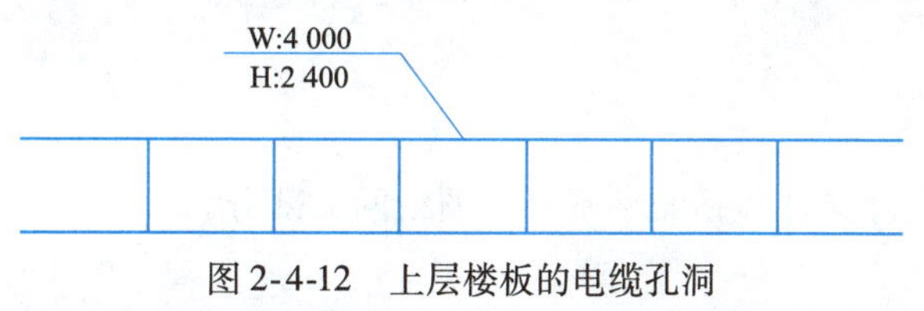

图 2-4-12　上层楼板的电缆孔洞

⑥安装机柜：如图 2-4-13 所示。

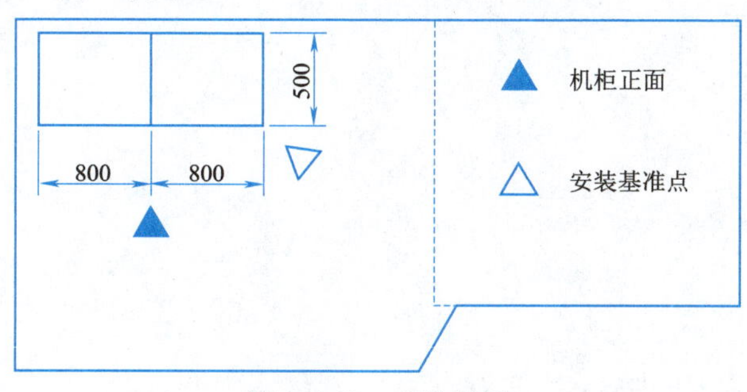

图 2-4-13　安装机柜

⑦预留扩容机架位置：如图 2-4-14 所示。

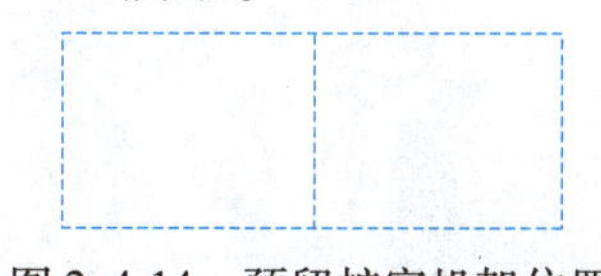

图 2-4-14　预留扩容机架位置

⑧机柜的室内摆放位置：如图 2-4-15 所示，其中机柜的室内摆放位置要求离主通道1 200～1 500 mm，离辅通道 800～1 000 mm。

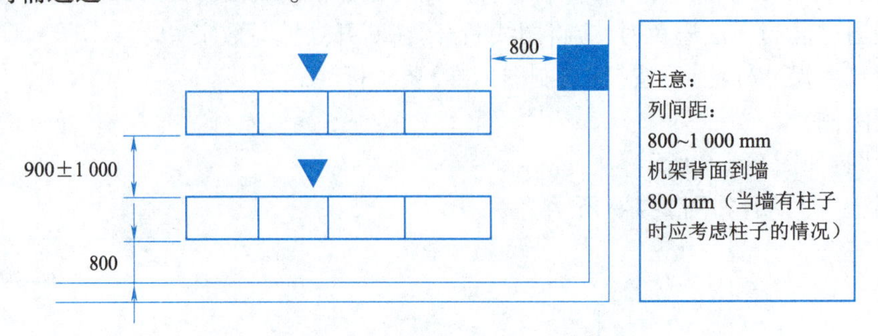

图 2-4-15　机柜的室内摆放位置的示意图

⑨多排机柜的室内摆放位置及有墙柱子：如图 2-4-16 所示，其中列间距为 800～1 000 mm；机架背距墙 800 mm。当墙边有柱子时，应考虑柱子所占的空间。机架面对面排列且有柱子居中时，列间距大于 1 200 mm，机架离柱子 200 mm 以上。

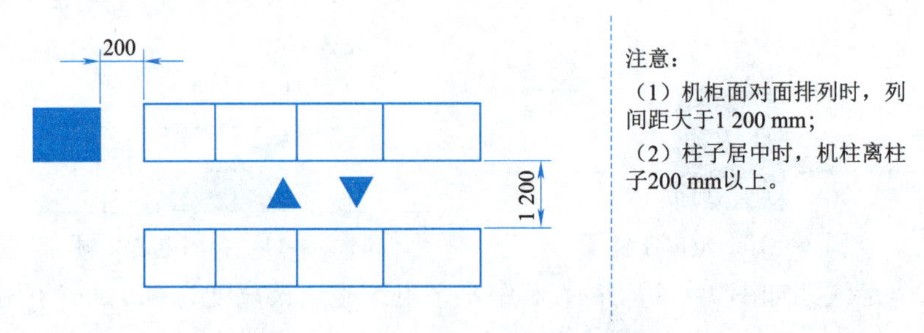

图 2-4-16　多排机柜的室内摆放

五、工程设计文件

一套完整的工程设计文件包括文字资料和图纸两大部分。

1. 文字资料部分

文字资料部分包括以下内容：

①设计文件封面页。

②设计文件签署页。

③资料图纸目录。

④说明书。

⑤设备表。

⑥材料表。

2. 设计图纸部分

设计图纸部分包括以下内容：

①网络组织结构图。

②设备连接关联图。

③设备间布线电缆连接表。

④各种机房设备布置平面图。

⑤各种机房电缆走向平面图。

⑥机柜板面布置图。

⑦设备整机内部电缆布线图。

⑧设备机柜间电缆布线图。

⑨设备整机电缆布线接线表。

⑩后台维护设备系统连接图。

⑪设备机柜至其他设备或配线架的电缆连接图。

⑫各种电缆连接端子安排图。

⑬机柜底座安装尺寸图。

六、安装设计书

《安装设计书》是指导工程施工的书面文件。工程设计人员参照《安装设计指导书》,根据《工程勘察报告》的内容制作《安装设计书》。

《安装设计书》应包括以下内容:

①设计的依据、原有设备概况及本期工程概况。

②网络组织结构及各种业务处理方式。

③网络规划设计。

④各端局详细设备配置清单。

⑤根据工程勘察现场图及系统配置绘制的详细工程施工图,包括网络图、电气连线图及平面布置图等。

⑥系统局数据及用户数据。

热点话题

工程草图绘制的步骤1是绘制正北方向,其中示例为北偏东30°,可以发现其与常规的绘图坐标方向表示有所不同,请想一想这是为什么?

请查阅相关资料,分组讨论。

任务小结

工程设计是在现场勘察结束之后,对勘察得到的数据,特别是通信设备的安装地址、安装方式、安装结构等的一个工程规划过程。本任务首先介绍了工程设计的原则和流程,并详细介绍了草图绘制的内容及步骤,并且对制图过程中的图幅尺寸、图线类型及应用、图形的比例、尺寸标注和常用图例进行了说明和示例,工程设计文件和安装设计书是最终的书面文件。

※思考与练习

一、填空题

1. 勘察所需资料和数据,包括:预规划报告、__________、网络建设要求信息、项目进程等。

2. 基站站点勘察是在无线网络预规划的基础上进行的数据采集、__________和__________工作,以便为网络规划仿真工程师提供现场的具体信息。

3. 站点勘察一般可以分为____________和可提供站点勘察两种。

4. 站址应尽量选择在规划蜂窝网孔中规定的理想位置，以便频率规划和以后的小区分裂。其偏差不应大于基站小区半径的____________。

5. 室外勘察时，需要确定楼顶避雷带和建筑地级组的位置，选择合适的接地点，并测量室外接地点的接地电阻，确保小于____________Ω。

6. 室内勘查时，需确定机房内接地排的位置和基站的方位关系，测量所需地线的长度，确认交流引入电缆、____________、电源架接地、____________和其他设备的接地。

7. 室内勘查时，需确认是否需要室外线缆穿墙板。若需要，则应确认穿墙板的规格____________、孔径的大小等。

8. 工程设计原则中主走道要求大于等于____________mm，副走道要求大于等于____________mm，第一排机柜正面距墙至少____________mm。

9. 工程设计的走线设计原则是沿机柜后沿走线；沿主/副走道走线；电源线与传输线、信号线、告警线尽量分开走线。如果必须平行走线，则间距应大于____________mm。

10. 一套完整的工程设计文件包括____________和____________两大部分。

二、判断题

1. (　　)罗盘是用来测量各站点的地理环境的，检查该频段是否存在其他干扰信号。

2. (　　)激光测距仪是用来测量站点的海拔高度。

3. (　　)市区两个系统的基站不能共址或靠近选址，以防止干扰。

4. (　　)在勘察市区基站时，对于宏蜂窝(R = 1 ~ 3 km)基站，宜选高于建筑物平均高度的区域最高建筑物的楼宇建站。

5. (　　)天线的方向图不能因为天线周围障碍物的反射和遮挡发生严重畸变。

6. (　　)机房的位置和机房内的设施是否齐全在勘查时不需确认。

7. (　　)机房内部不宜受到阳光直接照射，以免产生不必要的热能，增加电力负载。

8. (　　)需注意机房楼面承受力的问题，比较重的设备，需往建筑物外围放置，或以柱子和大楼桁梁为中心放置，以免楼板面承受力不足。

9. (　　)图中的尺寸单位，均以毫米(mm)为单位。

10. (　　)当需要区分新安装的设备时，则粗线表示新建设备，用细线表示原有设备，用虚线表示规划预留部分。

三、简答题

1. 工程勘察需要的必备仪表和工具包括什么？其主要用途是什么？

2. 工程勘察要用到的文档主要有哪些？

3. 简述站点勘察流程。

4. 天线之间的隔离度定义是什么？

5. 选择站址主要从哪几个方面来考虑？

6. 在网络规划和网络优化工作中，一般关心天线的哪几个参数？

7. 勘察天线安装位置时需确认哪些问题？

8. 可提供站点室外勘察需注意哪些方面？

9. 简述可提供站点的勘察流程。

10. 工程设计的原则是什么？

11. 简述工程设计的流程。

12. 安装设计书主要包括哪些内容？

项目三

5G 基站建设施工

任务一 了解 5G 基站配套设施建设规范

任务描述

本任务学习 5G 基站传输、电力、机房、铁塔、地网、走线架的安装规范，并学习交流电源的引入规范，为室内外设备安装奠定理论基础。

任务目标

- 识记：5G 基站配套设施的安装规范。
- 领会：5G 基站建设施工质量要点。
- 应用：能够遵循安装规范和质量标准较好完成室内外设备安装。

任务实施

一、传输施工规范

1. 传输路由选择

路由选择尽量选择直线路由，避开易塌方、山体滑坡等路段，避免大面积穿越树林，走“S”弯等，重点关注传输路由需要跨越江河、山谷的情况，如图 3-1-1 所示。路由选择还应考虑与其他通信杆及电力杆等倒杆的距离，即“倒杆距”，解除安全隐患，其他均以设计为主。

图 3-1-1 传输路由选择

2. 进场材料检查

材料进场有铁附件及电杆等材料，对于铁附件（如钢线等）的检查要求过磅称量；同时检查镀锌质量、焊接

质量等；电杆材料的检查包括电杆的保养期，两米线以及是否有横向纵向裂纹、蜂窝麻面等质量问题，如图 3-1-2 所示。材料问题事关安全，只有从材料质量抓起才能保证工程质量。

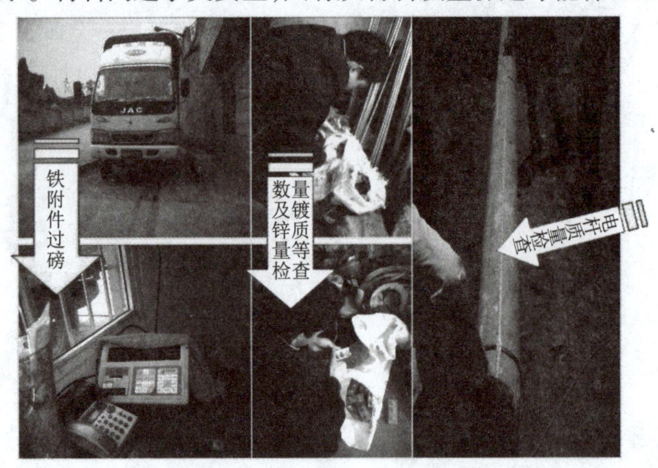

图 3-1-2　进场材料检查

3. 杆洞的开挖

传输用电杆长度一般分地型选择使用，类型有 6 m 至 12 m 不等。杆洞洞深按电杆长度及土质情况开挖（见图 3-1-3），具体要求见表 3-1-1。

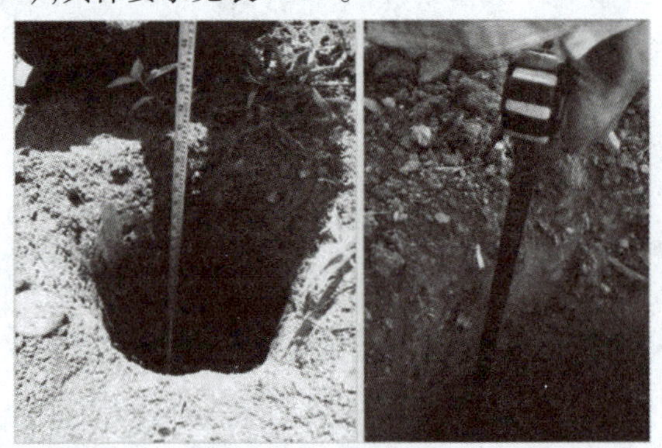

图 3-1-3　杆洞的开挖

表 3-1-1　电杆洞深一览表

土质	杆长									
	6.0	6.5	7.0	7.5	8.0	8.5	9.0	10.0	11.0	12.0
普通土	1.2	1.2	1.3	1.3	1.5	1.5	1.6	1.7	1.8	2.1
硬土	1.0	1.0	1.2	1.2	1.4	1.4	1.5	1.6	1.8	2.0
水田、湿地	1.3	1.3	1.4	1.4	1.6	1.6	1.7	1.8	1.9	2.2
石质	0.8	0.8	1.0	1.0	1.2	1.2	1.4	1.6	1.8	2.0

4. 立杆

电杆的抬杆及立杆应有专业技术人员现场指导，严格按照规范施工，重点抓安全。新立杆应避免“走杆”“梅花桩”等质量问题，另外根据施工地区气候特点，调整杆距，一般立杆档距在

50 m 以内，对于高寒地段，杆距要求每档在 40 m 以下，如图 3-1-4 所示。

图 3-1-4　立杆及杆距要求

5. 吊线、光缆敷设（架空）

（架空）吊线及光缆的敷设要求有专业技术人员现场指导作业，吊线是支撑光缆的辅助装置，布放严禁打绞，紧线要求适度，光缆布放要求平直、美观严禁打绞避免折断纤芯。光缆挂钩要求尺码均匀，密度一致，如图 3-1-5 所示。

6. 光缆预留

按设计要求做好光缆预留，一般要求跨越公路两端有预留，临近光缆接头盒的两端要求预留，其他按 500 m 一个预留，光缆预留不宜过长或过短，根据地区特点，一般长度在 20 m 至 35 m，如图 3-1-6 所示。

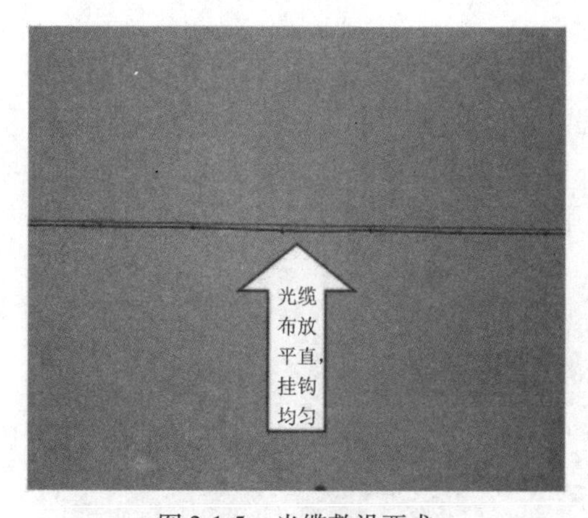

图 3-1-5　光缆敷设要求

图 3-1-6　光缆预留要求

7. 拉线、地锚施工

地锚坑的开挖深度必须满足两种规格的地锚杆要求，即 1.8 m 和 2.1 m，开挖深度分别为 1.5 m 和 1.8 m，如图 3-1-7 所示。拉线中把采用另缠线，拉线绑扎规范为：首节 15 cm，间28 cm，末节 10 cm，间 10 cm 缠 5 圈收头，地锚杆出土应为与地面夹角成 45°，出土 30 cm，如图 3-1-8 所示。

图 3-1-7　地锚坑开挖深度

图 3-1-8　拉线与地锚施工

8. 光缆接头盒安装

接头盒安装要求美观、牢固，一般要求安装在方便维护检修的地方，即距离电杆约 0.8 m 左右的位置，如图 3-1-9 所示。

图 3-1-9　光缆接头盒安装要求

9. 光缆警示牌安装

光缆跨越公路或穿越村寨，要求悬挂光缆警示牌。光缆警示牌内容根据地段或用途选用，分别有保护通信光缆、限高等内容，如图 3-1-10 所示。

10. 光缆加强芯接地

在以往的规范施工中，光缆直接进入机房，加强芯直接连接到室内综合柜接地柱上，这样一来，不但不能防雷，相反，会把雷电引入至室内设备，以至设备损坏的基站。因此对光缆防雷要求光缆在进基站的终端杆上把加强芯断开，纤芯不用断开，断开的加强芯与接地扁铁一起引入大地，如图 3-1-11 所示。

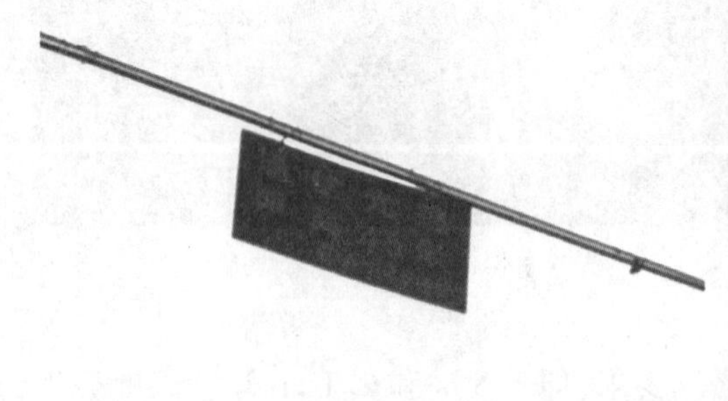

图 3-1-10　光缆警示牌安装要求

图 3-1-11　光缆加强芯接地

二、电力施工规范

1. 电力路由选择

要求选择良好的电力路由，以最近的主干线路作为“T”接点，如图 3-1-12 所示。

图 3-1-12 电力路由选择

2. 材料选择

控制电杆和铁附件质量，采用高强芯的 150 mm×10 000 mm 预应力电杆，220 V 线路选取 8 m电杆，380 V 和 10 kV 高压线路采用 10 m 电杆；应采用 P8 型号的水泥拉线盘做拉线；电力线路全部采用 LGJ－50 以上的钢芯铝绞线；变压器尽量采用大厂或品牌产品，如图 3-1-13 所示。

图 3-1-13 电力设施材料选择

3. 拉线（终端拉）

终端杆拉线为 2 根以上，且必须采用 8 股 5.0 mm 以上的钢绞线来做，对于连续陡坡地段应采用顺线拉线，严格按照规范要求做好做齐双、四拉等。冰凝重荷区必须采用 8 股 5.0 mm 以上的钢绞线，拉线洞深不得低于 1.6 m，地锚杆出土应符合 10 cm 的规范要求，夹角不低于 45°，拉线必须在角平分线上，如图 3-1-14 所示。

图 3-1-14 电杆拉线要求

4. 电杆杆距及地段选取

根据气象部门冰凝等级的划分，冰凝分为严重级、中等级和轻度级。凡冰凝等级超过严重级的地段，平地杆距不得超过 60 m 每档，重负荷区和基站上山线路杆距必须控制在 40 m ~ 50 m 以内。电杆不得立在土地边缘、沟渠、田坎上，必须立在地块较为稳定的地段，并作边坡保护，如图 3-1-15 所示。

图 3-1-15　电杆杆距及地段选取

5. 加固措施

电力电杆全部采用双横担方式，同时采用悬瓶或支撑架等方式进行施工，如图 3-1-16 所示。

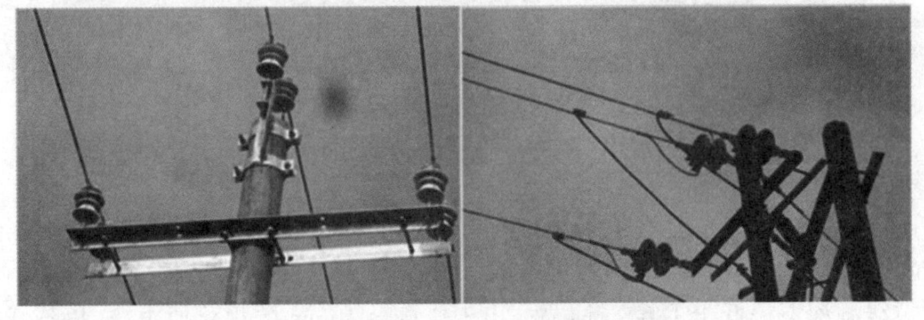

图 3-1-16　电线加固措施

6. 变压器安装

考虑到线路的防雷、安全和维修维护方便，对于基站下面有住户的，应尽量考虑将变压器安装在山下。采用 1 根 10 m 主杆、1 根 8 m 辅杆进行变压器抬担安装，变压器安装高度不得低于 2.5 m，如图 3-1-17 所示。

图 3-1-17　变压器安装要求

7. 电缆直埋

缆沟开挖不低于 1.2 m 且全部采用 C150 的混凝土包封 10 cm 以上厚度保护，特殊地段加钢管或子管保护。直埋时必须严格按照规范进行施工，连续陡坡或坡坎超过 80 cm 须作护坎保护，尤其做好护坡和堵头等，如图 3-1-18 所示。

图 3-1-18　电缆直埋要求

三、机房施工规范

1. 基础测量放线与平基

机房与铁塔基础统一平面测量放线，中心位置偏差不得超过 0.1 m，机房与铁塔基础应有一定的水平落差(一般机房高于铁塔基础有利于机房不积水)但落差不大于 0.2 m。测量放线要考虑基础的安全，机房与铁塔基础不宜太靠土坎边沿，要求大于 1.5 m，基槽开挖不少于 60 cm × 60 cm，如图 3-1-19 所示。

图 3-1-19　基础测量放线与平基要求

2. 地圈梁构筑

按设计布放符合规格及数量的主筋(箍筋间距要符合要求规范为 20 cm)，地网接地扁铁(要求使用 50 mm × 5 mm 的热镀锌扁铁)要求从地圈中穿出与机房四周接地体相连，四角交接处并与 ϕ10 的镀锌圆钢、地圈主筋焊接为一体形成地网，如图 3-1-20 所示。

图 3-1-20　地圈梁构筑要求

3. 进线孔的安装与预留

按设计要求在门的对面 6.5 m 墙面距室内墙面 90 cm 处预留两根 ϕ50 的 PVC 塑料管及接地扁铁，相互间距为 10 cm，以备引入电力线缆及光缆（要求 PVC 管从基础下埋入，严禁从圈梁中埋入），如图 3-1-21 所示。

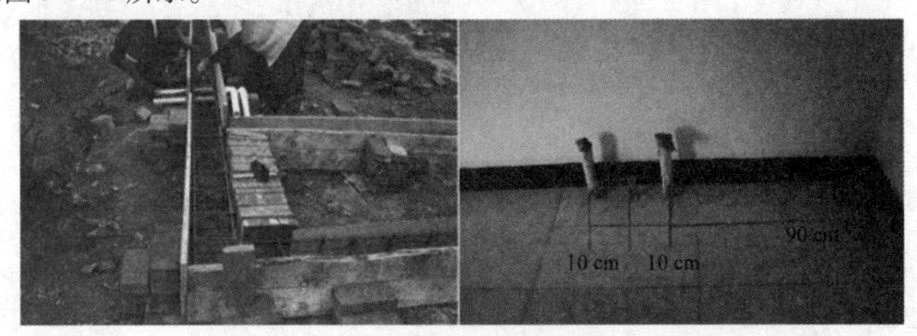

图 3-1-21　进线孔的安装与预留

4. 地圈梁的浇筑

按设计要求配比 C20 浇筑混凝土进行浇筑，浇筑过程为一次性完成，有条件的情况下使用振动棒增加混凝土强度（本混凝土为碎石混凝土，严禁使用毛石混凝土），如图 3-1-22 所示。

图 3-1-22　地圈梁的浇筑

5. 墙体砌筑

按设计要求使用优质砖（盐岩砖/标砖），灰口砂浆严禁参入黄泥，灰口不宜过大（总结经验 1 m 高的墙体应该在 16 线砖左右），构造柱处墙体需预留马牙槎（预留尺寸为半块砖位置），雨篷板制作按设计要求，空调室外机通风窗护栏要求一次性加工成型，两端需放入构造柱中，如图 3-1-23 所示。

图 3-1-23　墙体砌筑

6. 无抱杆屋面浇筑

按设计要求布放符合要求的主筋(一般屋面筋要求 $\phi8$),按间距 10 cm × 10 cm 布满屋面,配好 C20 浇筑混凝土进行浇筑,屋面厚度为 12 cm,减力筋的长度、数量、间距等应符合要求,屋面浇筑要求一次性完成,要求烟囱高出屋面 40 cm,如图 3-1-24 所示。

图 3-1-24　无抱杆屋面浇筑

7. 有抱杆屋面浇筑

屋面浇筑方法与无抱杆屋面相同,抱杆底座安装部分规范为:抱杆座底安装在机房四角,利用伸出构造柱的主筋回弯与抱杆底座焊实,再进行浇筑,局部打 1.05 m × 1.05 m × 10 cm 的混凝土,如图 3-1-25 所示。

图 3-1-25　有抱杆屋面浇筑

8. 抱杆底座及抱杆质量检查

抱杆进场材料要求对其镀锌、焊接工艺,尺寸长度等进行检查,如存在虚焊、毛刺、尺寸等不符合规格要求的,一律不准使用,如图 3-1-26 所示。

图 3-1-26　抱杆底座及抱杆质量检查

9. 抱杆安装

抱杆的安装及焊接(必须保证垂直度),要求在领用材料时必须对抱杆进行检查,抱杆长度 6.6 m(其中避雷针长度 60 cm、抱杆主体 6 m),抱杆直径 8.6 cm ~ 8.8 cm 之间,镀锌光滑,在抱杆与底座接触处(共 2 处)要求满焊,并做防腐处理。抱杆安装时,根据基站的地理位置及周围环境选择安装(具体为:如果此站为全向天线站,抱杆对角安装,但要选择人口密集方向安装;如果此站为三小区定向天线站,抱杆朝人口密集的方向安装),如图 3-1-27 所示。

图 3-1-27　抱杆安装

10. 刚性防水屋面浇筑

刚性防水屋面(带隔热保温),是以细石混凝土加卷材做防水层的屋面,内嵌水泥膨胀珍珠岩作为隔热保温达到降低室内温度及防水的一种屋面,刚性防水屋面(带隔热保温)的构造一般有:屋面现浇层、找平层、防水层、保温层、刚性屋面层,共五层。

机房刚性防水屋面(带隔热保温)施工步骤(见图 3-1-28)如下:

①机房屋面现浇层浇筑厚度 12 cm,完成后,洒水养护 2 至 3 天。

②要求清扫屋面板,适当润湿,用 1∶3 水泥砂浆抹平,厚度为 2 cm。

③清光后刷防水胶一层,再铺一层玻纤布增加防水能力,最后再刷一层防水胶。

④刷完防水胶后用水泥膨胀珍珠岩按 1∶3 水泥砂浆铺贴,要求厚度为 5 cm。

⑤水泥膨胀珍珠岩铺贴完毕后,清光找平,上浇 1 cm 配比不低于 C20 的细石混凝土,然后铺 4 mm ~ 6 mm、间距 10 cm ~ 20 cm 的双向钢筋网片,最后再浇筑 3 cm 厚 C20 细石混凝土,清光完成刚性屋面浇筑。

⑥总体屋面浇筑完毕后,厚度约为 22 cm。

图 3-1-28 刚性防水屋面浇筑

11. 室内地面施工

地面应为水磨石或地砖材料。地砖安装前必须先打地坪,使基坚硬牢固,再安装乳白色地砖,如图 3-1-29 所示。

图 3-1-29 室内地面施工

12. 室内外装修

室外墙壁用 1∶5 水泥砂浆括糙清光,厚度为 2 cm,再使用白水泥抹面清光,刷防水漆。室内墙壁使用 1:5 水泥砂浆括糙清光后,括两道瓷粉。机房安装有防盗门,窗户能够锁紧或安装有防护栏,机房装饰应选用质量较好的材料,内装美观、整洁。机房具有良好的防尘功能,能够满足设备防尘要求。墙面和顶板面要求使用 C150 水泥混合砂浆括糙、清光,表面刷两道瓷粉,墙面和顶板面应光滑、平整,不允许存在崩落或脱落的现象,距地面高度 1 m,在门一侧墙面居中喷印运营商标识,如图 3-1-30 所示。

图 3-1-30　室内外装修

13. 机房结构要求

机房结构应牢固,不存在安全隐患,具备抗雨水、风雪、冰冻以及有害物质腐蚀能力,机房荷重应≥300 kg/m^2,若不能满足的,应具相应的保护措施。机房内部净高应不小于 3 m 新建机房或活动机房的面积、外部造型、门、窗、孔洞的位置是否与设计相符,机房的墙面、地面是否干燥洁净,不允许有积水、积灰等现象,如图 3-1-31 所示。

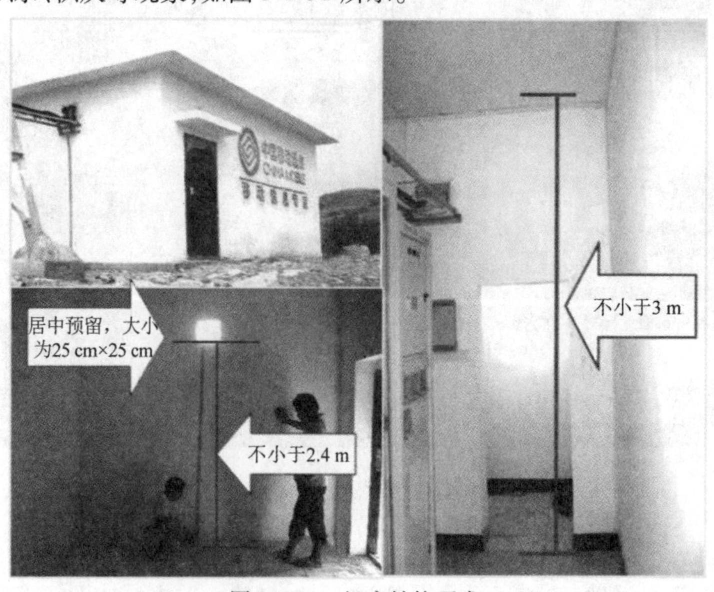

图 3-1-31　机房结构要求

14. 散水制作

散水制作按要求采用 C20 标号混凝土浇筑，厚度为 12 cm，宽度出外墙面 48 cm，如图3-1-32所示。

图 3-1-32　机房散水制作要求

四、铁塔施工规范

1. 基坑开挖

铁塔位置的测量放线与机房要求相同，根据地理位置的不同，采用 15 m ~ 45 m 不同类型的铁塔，各铁塔基坑开挖要求不同，施工单位根按设计开挖基坑，深度、宽度偏差不大于 0.1 m，如图 3-1-33 所示。

图 3-1-33　铁塔基坑开挖要求

2. 基础浇筑

根据不同铁塔类型，按规范布放主筋和箍筋，以及联系梁的主筋和箍筋。不同类型的铁塔基础浇筑要求不同，包括垫层、第一阶、第二阶的尺寸，施工单位按设计进行保质保量浇筑基础。有条件的地方要求使用振动棒搅拌，增加混凝土强度，如图 3-1-34 所示。

图 3-1-34　铁塔基础浇筑

3. 基础保养与回填

铁塔基础浇筑完成后，使用稻草等进行覆盖并定期洒水保养，一般保养期 28 天左右（由天气和气温决定），基础的回填严禁采用毛石、大石块等，宜采用泥土等进行回填并夯实，回填标准以塔基出地面 20 cm 为标准，如图 3-1-35 所示。

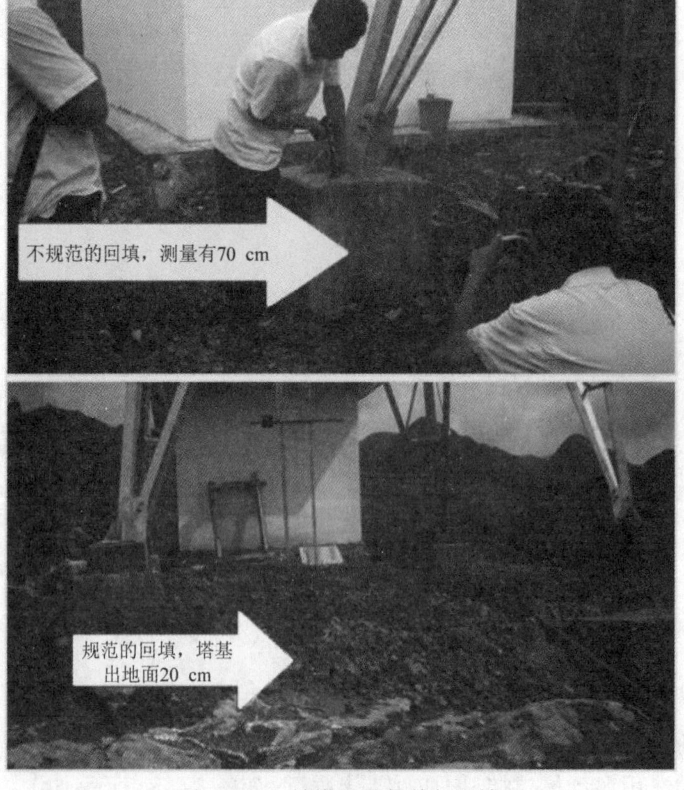

图 3-1-35　铁塔基础保养与回填

4. 塔体安装

铁塔进场要求过磅称重、按不同类型铁塔进行计量检查，要求对钢材的热镀锌质量进行检查，要求镀锌无气泡、毛刺等。塔体安装完成后监理公司应检查好铁塔的垂直度是否存在倾斜等安全隐患问题，是否缺少部件材料以及螺帽的松紧度、是否悬挂安全警示牌等，如图 3-1-36 所示。

图 3-1-36　塔体材料选取与安装

5. 塔脚包封处理

塔体安装完成后，铁塔基础施工单位尽快完成塔脚包封，包封之前应拧紧螺帽，排除一切安全隐患，并打黄油作防锈处理，并采用 C20 混凝土进行包封，如图 3-1-37 所示。

图 3-1-37　铁塔塔脚包封要求

五、地网施工规范

1. 地网制作

机房四周距墙 40 cm 埋设地网，水平接地体为 50 mm × 5 mm 镀锌扁钢，垂直接地体为 50 mm × 50 mm × 5 mm × 1 500 mm 镀锌角钢，位置为四角各一根，另外开间方向另设三根进深方向另设两根，埋设深度为 80 cm 以下，机房墙四角采用 $\phi10$ 的镀锌圆钢将房面钢筋网与机房地网相连接，交点作焊接(埋入墙内)，形成金属屏蔽网。

通信铁塔位于机房旁边时，铁塔地网应延伸到塔基四脚外 1.5 m 远的范围，网格尺寸不应大于 3 m×3 m，其周边为封闭式，并利用塔基地桩内两根以上主钢筋作为铁塔地网的垂直接地体，铁塔地网与机房地网之间应每隔 3 m ~ 5 m 相互连通一次，连接点不应少于两点；通信铁塔位于机房屋顶时，铁塔四脚应与楼顶避雷带就近不少于两处焊接连通，并在机房地网四角设置辐射式接地体。

电力变压器设置在机房内时，其地网可合用机房及铁塔地网组成的联合地网；电力变压器设置在机房外，且距机房地网边缘 30 m 以内时，变压器地网与机房地网或铁塔地网之间，应每隔 3 m ~ 5 m 相互焊接连通一次(至少有两处连通)，以相互组成一个周边封闭的地网。地网施工如图 3-1-38 所示。

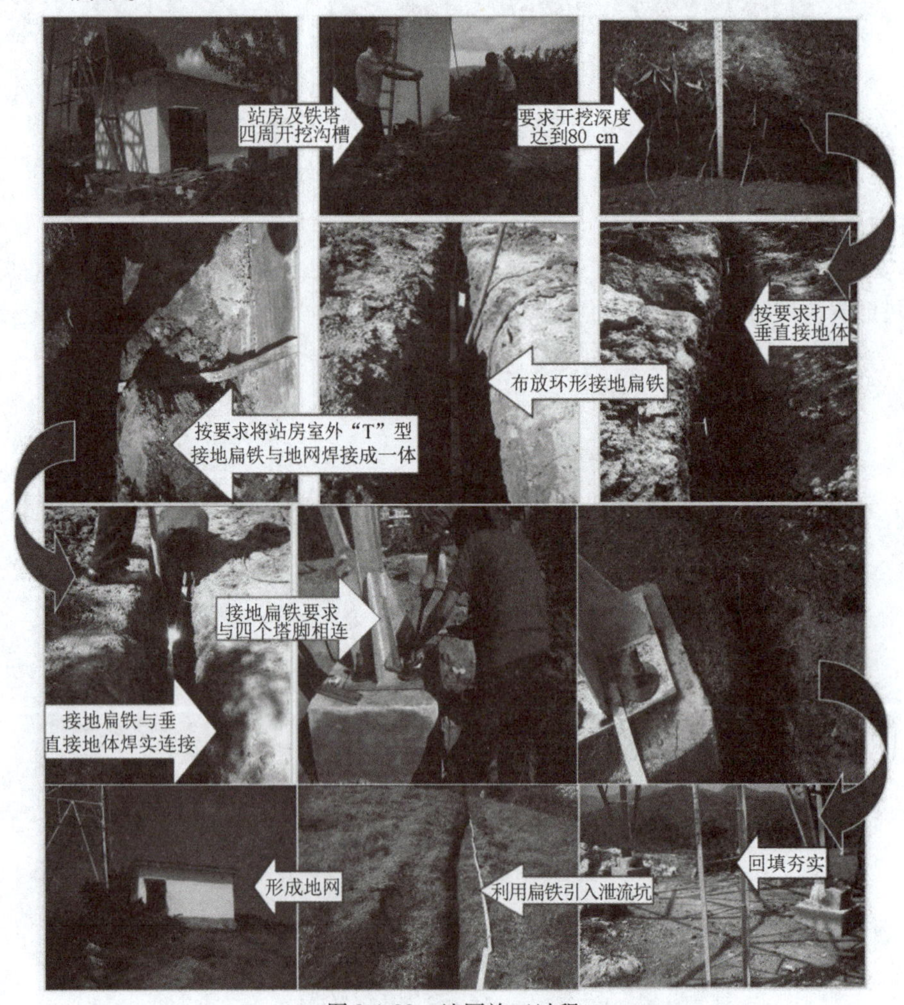

图 3-1-38　地网施工过程

2. 联合地网

机房地网与铁塔地网以及变压器（如遇变压器安装在山上时）地网完成制作后，利用 50 mm×5 mm 热镀锌扁钢相互连接形成联合地网，测量联合接地地阻值小于 5 Ω。接地体宜采用热镀锌钢材角钢（不应小于 50 mm×50 mm×5 mm）、扁钢（不应小于 40 mm×4 mm）。基站联合地网如图 3-1-39 所示。

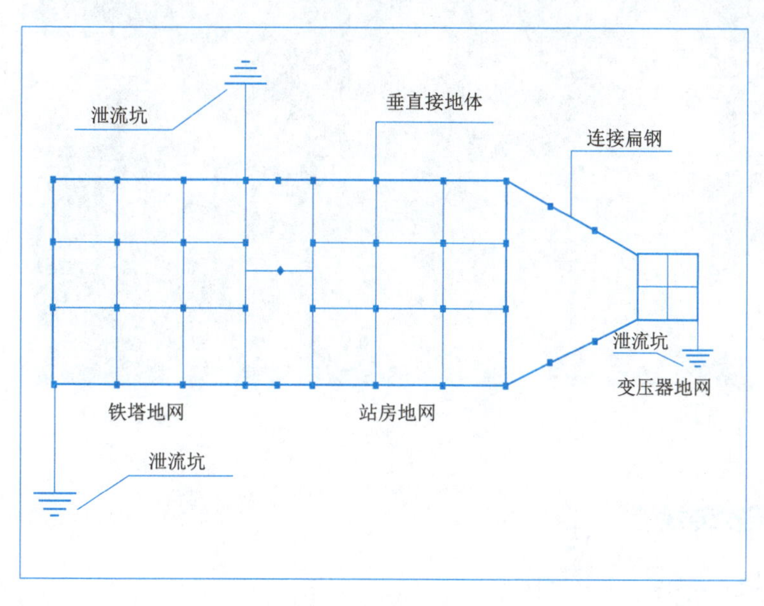

图 3-1-39 联合地网示意图

3. 室内接地排安装

机房应设置室内接地铜排，接地从机房地网就近引接，接地线截面积应满足最大负荷的要求，采用 40 mm×4 mm 的接地扁钢。室内通信设备及供电设备的正常不带电的金属部分，以及源涌抑制器的接地端，均应与室内接地铜排作可靠连接，作为保护接地，如图 3-1-40 所示。

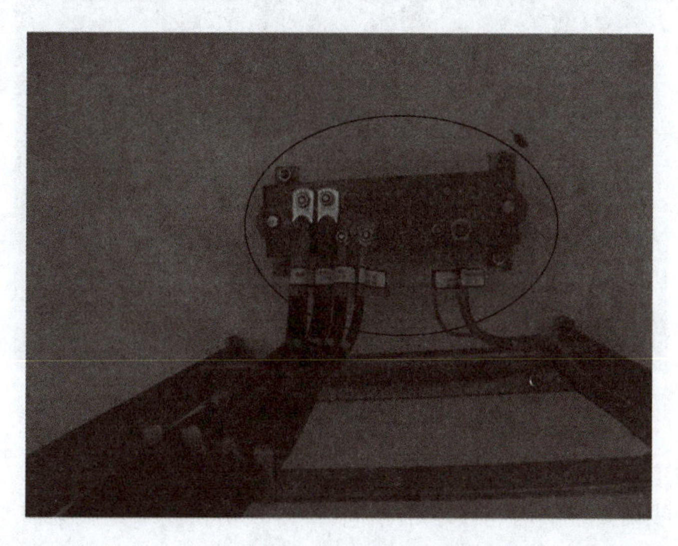

图 3-1-40 室内接地排安装

4. 室外接地排安装

室外接地排应在基站室外馈线窗入口设置，安装位置在距室外走线下方距20 cm，要求在扁铁上部做T字头，并在T字头处钻6个孔，接地引下线每隔80 cm用膨胀螺栓打入墙体固定，接地引下线底部与机房的地网焊接，如图3-1-41所示。

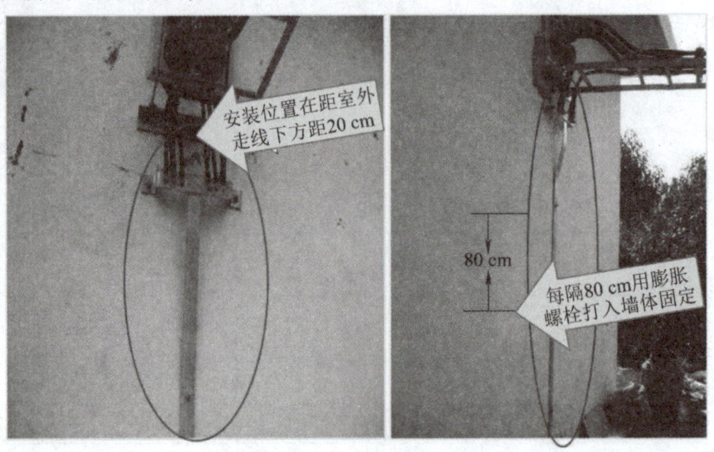

图3-1-41　室外接地排安装

六、走线架安装规范

1. 铁塔站走线架安装

铁塔站走线架安装的位置和高度要符合工程设计要求，室内走线架对地高度2.3 m，采用ϕ16的吊杆，吊杆统安装在走线架外侧；室外对地高度2.2 m，如图3-1-42所示。

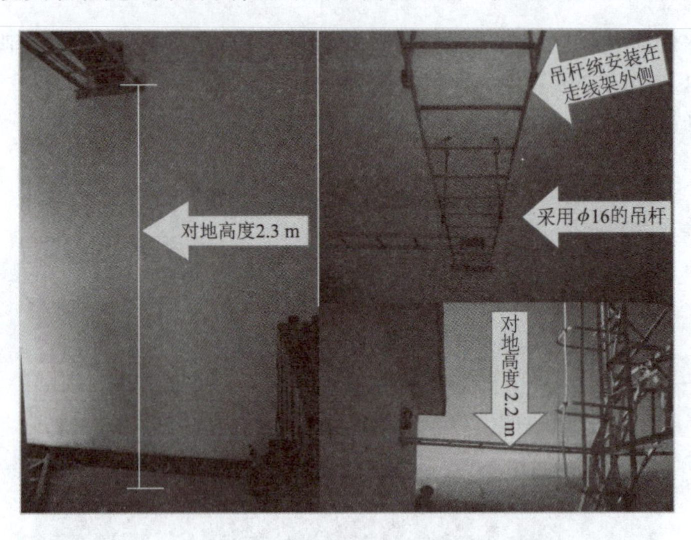

图3-1-42　铁塔站走线架安装规范

2. 楼顶抱杆站走线架安装

楼顶抱杆站走线架安装室内与铁塔站相同，室外及房顶要求走线架需与四角抱杆底座相连；走线架与屋面需做撑高，高度为25 cm；走线架至馈窗的“过桥”，撑杆安装在走馈窗上向，从而使馈线下部悬空，得到规范的滴水弯，撑杆出屋檐25 cm，如图3-1-43所示。

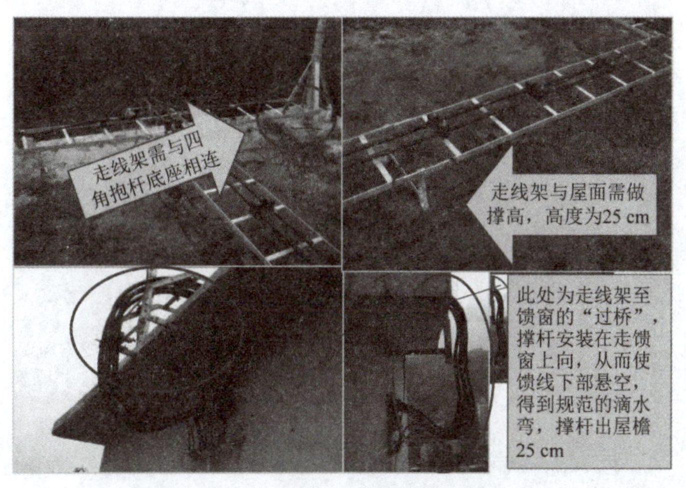

图 3-1-43　楼顶抱杆站走线架安装规范

七、交流电源引入规范

1. 电缆直埋沟开挖

电缆直埋沟开挖深度要求土质山必须达到 1.2 m，石质山不小于 80 cm，且采用水泥砂浆进行包封，如图 3-1-44 所示。

图 3-1-44　电缆直埋沟开挖要求

2. 电力电缆引下

按要求使用 RVVZ22-4 × 25 mm^2 电缆线，引下线要求做规范的滴水线。引下线采用 ϕ50 × 3.5 m 镀锌钢管进行保护，间隔 80 cm 用 ϕ4.0 铁丝缠 7 ~ 8 圈，如图 3-1-45 所示。

图 3-1-45　电力电缆引下要求

3. 室内交流配电箱的安装

室内配电箱要求离地面 1.4 m，距墙 30 cm 安装，箱内走线要求美观和规范；电力电缆要求从规定的预留孔引入，至室内垂直爬梯引上进入交流配电箱，要求屏蔽层接地，即位置距地80 cm，剥露电缆，将金属层用馈线接地线连接至室内接地扁铁进行接地，如图 3-1-46 所示。

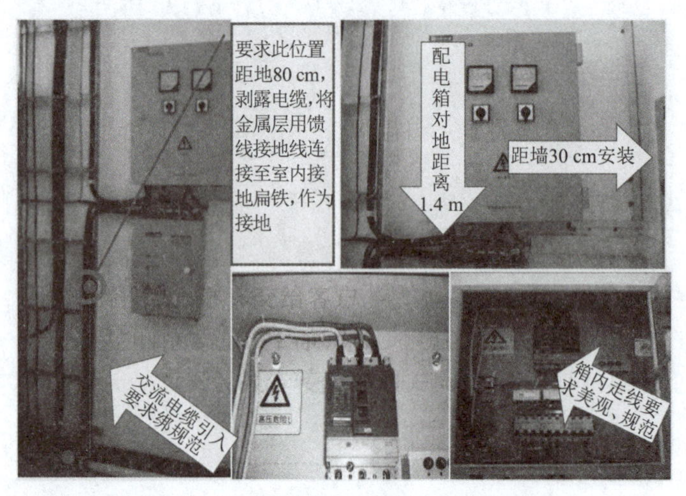

图 3-1-46　室内交流配电箱安装及走线

4. 灯具、开关及插座安装

机房内应安装有照明灯具，照度能够满足要求，灯管距墙面 30 cm 安装，油机发电机房内的灯具应加装防护罩；开关距地面 1.2 m，距门框 30 cm 安装；走线槽要求使用宽度为 25 mm；应留有三相和单相的交流插座，插座居中墙面安装，距地 25 cm，如图 3-1-47 所示。

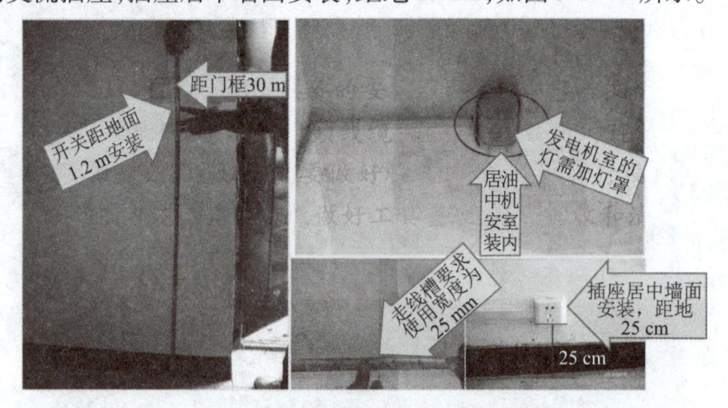

图 3-1-47　灯具、开关及插座安装

热点话题

在这个任务中，我们发现有几处地方需要做滴水弯使用滴水线，请查阅相关资料，分组讨论滴水湾一定要做吗？电力电缆引下线一定要用滴水线吗？为什么？

铁塔进场要求对钢材的热镀锌质量进行检查，要求镀锌无气泡、毛刺等，请想一想，钢材为什么要镀锌？

任务小结

5G 基站工程施工之前首先要掌握施工前的设备安装规范，这对安全施工，文明施工，高效率高质量施工非常重要。本任务详细介绍了传输、电力、机房、铁塔、地网、走线架的安装规范，也介绍了交流电源引入规范，让同学们对 5G 基站施工前的设备安装规范有了系统深入的了解。

任务二 5G 基站设备安装准备

任务描述

通过本任务的学习，了解硬件安装前需要准备的资料和工具，具备安装环境检查能力，为基站工程安装的实施奠定基础。

任务目标

- 识记：硬件安装工具类型、型号以及所需的材料。
- 领会：硬件安装环境检查。
- 应用：各安装工具的使用方法。

任务实施

硬件安装前的准备流程如图 3-2-1 所示。

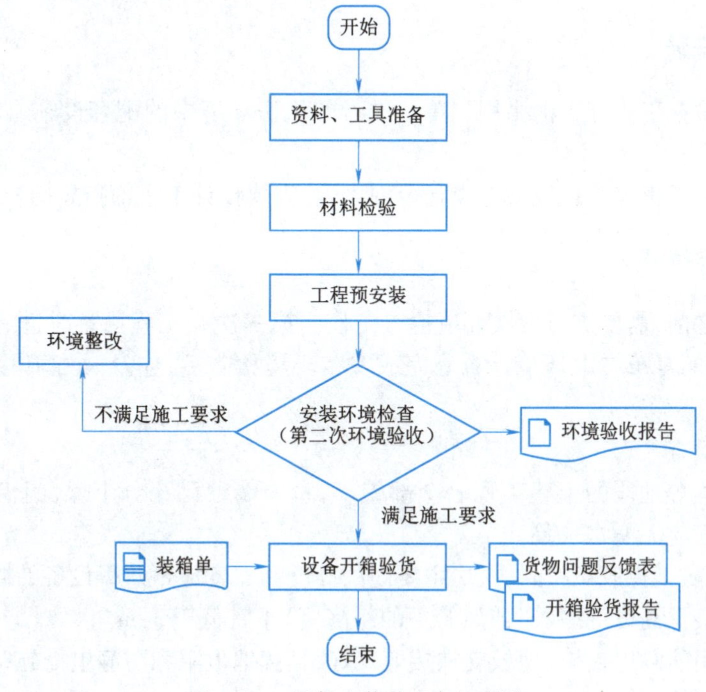

图 3-2-1 硬件安装前准备流程图

一、准备资料、工具

1. 硬件安装工具

硬件安装所需的工具和仪表应该准备齐全。仪表应经国家计量部门调校合格。常用的工

具及仪表如下：

①通用工具：大十字螺丝刀、小十字螺丝刀、大一字螺丝刀、斜口钳、尖嘴钳、活动扳手、老虎钳、电烙铁、焊锡丝、助焊剂、绝缘胶布、壁纸刀、电工刀、记号笔、尖头镊子、卷尺、无水酒精、无尘纸、同轴自环电缆、光纤、防静电手环、剥线钳、压线钳、双列直插 IC 起拔器。

②常用仪表：试电笔、光功率计、固定光衰减器、接地电阻测试仪、万用表等。

③施工用具：脚手架、长卷尺、直尺、水平尺、撬杠、铁锤、冲击钻、$\phi 6$ 钻头、$\phi 16$ 钻头、扳手。

2. 工程技术资料

工程技术资料通常包括工程订货合同(副本)、工程设计资料、设备工程开通工作规程文档、设备硬件随机资料、网管软件相关随机资料、设备工程资料等。

二、材料检验

开始施工前，应对将用于安装施工的电缆、槽道、走线架等主要材料的规格、数量进行清点和检查，确定其满足以下要求：

①规格、数量符合施工图设计要求。

②品质证明文件齐全。

③外观完好无损。

对材料进行检查时，应做好详细记录，如发现有短缺、受潮或损坏等情况，应及时协调解决。当主要材料需要用其他规格材料代替时，必须报经设计单位和用户批准后方可使用。

三、工程预安装

工程预安装是在工程开工前由用户单位进行的机房环境中的配套设施，如槽道、爬梯和水平走线架的安装。

工程预安装一般也在工程勘察与设计范围之内，需要设计工程师指导用户单位安装。

四、安装环境检查

在安装设备之前，需要进行两次环境检查工作。第一次在工程勘察时进行，第二次在施工前进行，此处所指的是第二次环境检查。完成安装环境检查后，应及时将填写《××设备环境验收报告》。

1. 机房建筑检查

①机房及走廊等地段的土建工程已全部竣工，室内墙壁已充分干燥，门窗等应完好，天花板、暖气片、空调等应无漏水现象。

②门、窗应加防尘橡胶条密封，机房主要门的高度和宽度应不妨碍设备的搬运。

③机房室内最低高度(指梁下或风管下的净高度)不宜低于 3 m。

④机房已采用防静电措施，地板支柱接地良好，且接地电阻和防静电措施符合要求；地线铺设按设计要求进行施工。

⑤机房内采用的空气调节设备应安装完毕，性能良好；保持机房走廊清洁、干净。

⑥机房的各种排水管道不应穿过机房，确保消防设备设在明显而又易于取用的机房附近。

⑦机房墙面及顶棚应不粉化、不易积灰、不易脱落；装饰材料应采用阻燃材料，可以贴壁纸，也可刷无光漆。

⑧机房应避免阳光直射,平均照度为 300 ~ 450 lx,应无眩光,一般采用镶入天花板的日光灯;根据机房的具体条件应设有事故照明或备用照明系统。

⑨机房面积要求能容纳设备并留有必要的维护通道。

2. 机房环境检查

机房检查包括:

①环境温度和湿度要求:室内温度介于 10 ℃ ~30 ℃之间,相对湿度介于 20% ~85% 之间,且温度≤28 ℃时,不得凝露。

②地面的要求:地面要求平整且洁净。

③洁净度要求:机房洁净度达到 B 级(直径大于 0.5 μm 的灰尘粒子浓度≤3 500 粒/升,直径大于 5 μm 的灰尘粒子浓度≤30 粒/升)。

3. 机房电源检查

①设备供电。直流配电系统除具有断电保护措施外,还应配备蓄电池。条件具备时应配置双电源供电,以保证传输设备的稳定工作。

②施工维护电源。由于安装、维护设备时,需要使用一些电动工具和仪表,故机房内应有供施工用的 220 V/2 000 W 交流电源插座。插座应为既有二芯插口又有三芯插口的多功能插座。

③网管终端 UPS。网管终端 UPS 工作正常,可实现不间断供电,供电电压和容量应满足网管计算机运行要求。

4. 保护设施检查

(1)接地要求

①当用户机房采用单独接地时,接地电阻应满足以下要求:

交流工作地的接地电阻小于或等于 4 Ω,直流工作地的接地电阻小于或等于 4 Ω,安全保护地的接地电阻小于或等于 4 Ω,防雷保护地的接地电阻小于或等于 4 Ω。

②当用户机房采用联合接地时,接地电阻应小于或等于 5 Ω。

③所有用户设备、电源柜、DDF 架等已良好接地。

(2)防震要求

机房的抗震设计应在本地基本建设标准上提高一度。对于达不到抗震强度要求的机房,应对其进行抗震加固。

(3)防雷要求

为避免雷击产生的电流侵入设备,对设备造成损坏,应采取以下防护措施:

①在易受雷击的地方安装避雷网或避雷带。

②在突出屋面的物体如天线的上部安装架空防雷线或避雷针等。

③室外的各种金属管道等进入机房之前应进行接地。

④室外架空线直接引入室内时,在入口处应加设避雷器。

(4)抗电磁干扰要求

机房最好具有抵抗外界电磁干扰的屏蔽措施。

5. 配套设施检查

(1)配线设备

①机房预留暗管、地槽和孔洞的数量、位置、尺寸应满足布放各种电缆的要求,并符合工艺

设计的要求。

②各种沟槽应采取防潮措施，边角应平整。

③照明与电力管线应尽量采用暗铺设。

④当机房采用上走线方式时，应安装上走线架。一般情况下走线架由用户提供，并在安装设备前安装完毕。

⑤光纤配线架(ODF)和数字配线架(DDF)应已安装完毕，DDF架应可靠接地。

⑥户外光缆应铺设到位，光缆应已进入机房，并在ODF架上熔接成端。

(2)网管终端操作桌椅

对于需配置维护终端和打印机的机房，用户应准备用于放置终端和打印机的电脑桌椅。要求桌子高度在80 cm左右，椅子高度在40 cm左右，且椅子高度可以调节。

(3)消防安全

①机房应配备适用的消防器材，如一定数量的手提式干粉灭火器，并确保消防器材设在机房附近明显而又易于取用的位置。

②对于规模较大的中心局机房，应有配套的自动消防系统。机房内严禁存放易燃、易爆等危险物品。

③机房内电源线应与其他电缆分开铺设，对于电压等级不同的插座，应有明显标志。严禁本系统靠近大型用电设备。

热点话题

接地电阻测试仪有两种，手摇式和钳形，在做地阻测试时，经常会有同学问，手摇式的这么复杂，为什么不用钳形地阻测试仪，请查阅相关资料，分组讨论这两种地阻仪的优劣之处。

任务小结

本任务列举了硬件安装所需要准备的工具和仪表。所需准备的工程技术资料主要包括工程订货合同(副本)、工程设计资料、设备工程开通工作规程文档、设备硬件随机资料、网管软件相关随机资料、设备工程资料等。5G基站工程安装施工前应进行材料检验和工程预安装，在安装设备之前，需进行两次环境检查工作，第一次在工程勘察时进行，第二次在施工前进行，此任务所指的是第二次环境检查，并详细介绍了安装环境检查的项目以及细则。

任务三　5G基站设备开箱验货

任务描述

本任务学习开箱验货的步骤及注意事项，介绍开箱验货的工具，通过本任务的学习，学员能够独立完成开箱验货工作，并能够填写《开箱验货报告》和《开工报告》。

任务目标

- 识记:开箱验货工具。
- 领会:开箱验货步骤及注意事项。
- 应用:会填写开箱验货报告和开工报告。

任务实施

一般来说,为保证通信设备在运输过程中的安全,在出厂时都对其有很严格的包装,因此开箱验货环节必不可少。开箱验货时要求所有参与项目的负责人到达施工现场,按照设备清单逐一清点设备并记录。清点完设备后如果没有问题,要求各方签字确认。如货物有问题,及时做好记录并迅速将情况反馈给设备制造商或相关责任人。

一、准备开箱验货工具

如图 3-3-1 所示,开箱验货用到的工具有:撬杠、活动扳手、大号一字螺丝刀、老虎钳、钉锤,若有条件可以准备叉车。

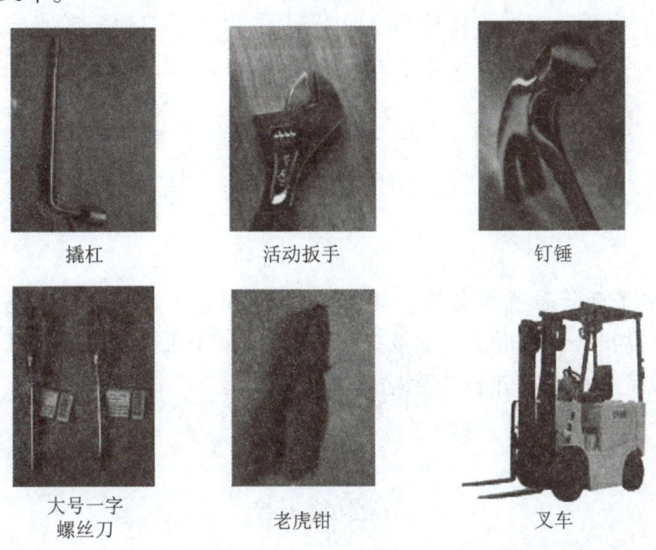

图 3-3-1　开箱验货工具

二、开箱验货步骤

①准备工具和相关文档,如《开箱验货清单》、《设备清单表》、《开箱验货报告》、《货物问题反馈表》等。

②通知项目相关负责人到场。

③按照总发货清单和各包装箱的物料清单清点货物,并详细记录每一项物料。

④当清点完毕后,要求各方负责人物料清单上签字确认。如发现所验货物与总发货清单有出入,应立即反馈信息至相关责任人处。

三、开箱验货注意事项

①操作时不要野蛮施工,注重技巧,防止损坏设备。

②开箱后的设备应放在干燥、安全的房间内。

③如暂时不能开工,开箱验货完后应将设备重新包装好后保存。

④当将设备从温度较低、较干燥的地方搬到温度较高、较潮湿的地方时,必须等至少 30 min 再拆封,否则容易导致潮气凝聚在设备表面,损坏设备。

⑤设备要有序摆放,不能随意放置,否则会影响施工和设备性能。

四、开箱验货报告

《开箱验货报告》由五部分构成:封面、填写说明、设备装箱(验货)清单、验货结论、设备到货证明。具体的《开箱验货报告》模板见附件 1。

五、开工报告

开箱验货完成后应填写《开工报告》。《开工报告》模板见附件 2。

热点话题

一般来说,为保证通信设备在运输过程中的安全,在出厂时都对其有很严格的包装,所以我们在开工之前需要开箱验货,那么通信设备在出厂时都会如何包装来保证运输过程中的安全呢?

请查阅相关资料,分组讨论。

任务小结

本任务主要列举了开箱验货所需的工具,介绍了开箱验货的步骤和注意事项。开箱验货完成后应填写《开箱验货报告》,《开箱验货报告》由封面、填写说明、设备装箱(验货)清单、验货结论、设备到货证明五部分构成。开箱验货完成后还应填写《开工报告》。

附件 1

开箱验货报告

客户名称____________________

客户合同编号____________________

客户项目名称____________________

中兴合同编号____________________

生产任务号____________________

站点名称__________件数__________

验收地点____________________

验收日期____________________

中兴通讯股份有限公司

说　明

1. 工程人员在抵达现场后，要与客户一同对设备进行细致的检查，并认真填写本损告。对于少发、错发、损坏的设备，要及时与公司联系处理，以保证工程能顺利进行。

2. 设备开箱必须在双方人员均在场的情况下进行，客户单方面开箱引起的板件损坏或缺少，中兴通讯不承担任何责任。

3. 开箱验货顺序：

(1)先找收货人索取"设备发运资料袋"，取出"开箱验货报告"，或直接找到各站点的第1件箱中的1#包装箱(一般为红色纸箱)，取出"开箱验货报告"。

(2)翻开"开箱验货报告"，先根据"设备装箱(验货)清单"上的装箱单号，找到所对应的包装箱，然后打开包装箱对照清单内容进行仔细清点和验收。

4. 填写说明：

(1)填写设备装箱(验货)清单(以下简称为清单)的设备名称。设备名称只能为以下几种：交换、接入、传输、视讯、电源、监控、移动、CDMA。

(2)"站点"一栏填写合同中的详细地址，格式："××市××县××点"。

(3)清单中"设备型号"一栏应填写详细的设备型号，如 ZXJ10，ZXA10，ZXSM-600，ZXG10-BTS 等。

(4)清单中"订货数"一栏表示排产时的配置数量，"装箱数"栏中的数字表示实际发货的数量，"装箱数"栏由装箱人根据发货数量填写、"验货数"栏验货人根据开箱验货情况填写，若与装箱数量不符则填写实发数量，并在"备注"中说明。

(5)所有货物均已到货后，工程人员提交《设备到货证明》，由客户签章。

(　　　)设备装箱(验货)清单

收货单位		收货地址		联系人		电话	

共　箱　　第　箱　　第　页　　共　页

站点		客户项目名称		客户合同编号		客户名称	
装箱单编号		生产任务编号		中兴合同编号		设备型号	

序号	小箱箱号	物料代码	物料描述	单位	订货数	装箱数	验货数	备注

中兴通讯代表(签名)：　　客户代表(签名)：　　开箱验货日期：　　装箱/确认(签名)：

注：请中兴通讯验货代表将签字后的此表单返回到中兴通讯办事处存档　　制单人：　　制单日期：

中兴通讯股份有限公司　　广东省深圳市南山区高新技术产业园科技南路中兴大厦　　电话：+86-755-2677××××

邮编:518057

验货结论

<table>
<tr><td>客户项目名称</td><td colspan="2"></td><td colspan="2">站点名称</td><td></td></tr>
<tr><td>客户合同编号</td><td colspan="2"></td><td colspan="2">中兴合同编号</td><td></td></tr>
<tr><td>设备型号</td><td></td><td>到货日期</td><td></td><td>验货日期</td><td></td></tr>
<tr><td>基本配置</td><td></td><td>容量</td><td></td><td>货物件数</td><td></td></tr>
<tr><td>验收结论</td><td colspan="5">1. 货与装单是否相符？有无借发、漏发、多发？
2. 硬件及配套设备有无损坏？
3. 电缆插法是否符合要求？有无错误？
4. 其他。

客户验货代表签名：　　中兴通讯验货代表签名：
日　　期：　　日　　期：
联系电话：　　联系电话：</td></tr>
<tr><td>备注</td><td colspan="5"></td></tr>
</table>

注：1. 验货结论请在开箱验货结束 3 天内返回办事处，与装箱（验货）清单一起返回办事处存档。

2. “备注”栏请填写该点的特别声明及其他补充说明。

设备到货证明

甲方：______________（合同编号：______________）购买乙方：中兴通讯股份有限公司（合同编号：______）的__________设备。于______年______月______日已全部到货，特此证明。

客户签名、盖章：　　　　中兴通讯办事处签名、盖章：

日　　期：　　　　日　　期：

附件2

<table>
<tr><td>项目名称</td><td colspan="3"></td></tr>
<tr><td>合同号</td><td></td><td>计划开工日期</td><td></td></tr>
<tr><td>施工单位</td><td></td><td>计划完成日期</td><td></td></tr>
<tr><td colspan="4">主要工程内容：</td></tr>
<tr><td colspan="4">工程准备情况及存在主要问题：</td></tr>
<tr><td colspan="4">施工单位签名：　　　　申请日期：____________</td></tr>
<tr><td colspan="2">××公司方签名：

日　　期：</td><td colspan="2">用户签名：

日　　期：</td></tr>
</table>

注：此表在正式开工时填写，一式三份，分别由建设方、施工方、××公司通信办事处签名并保留。

任务四　BBU 设备的安装

任务描述

本任务主要学习 5G 基站中 BBU 设备的安装步骤。了解机框框架、DCPD 和导风箱等配套设施的安装，熟悉接地线缆、GPS 射频线缆、电源线等线缆的连接和插入，掌握 ZXRAN V9200 的安装方式。

任务目标

- 识记：BBU 设备配套设施的安装。
- 领会：BBU 设备相关线缆的连接和插入。
- 应用：BBU 设备的安装步骤。

任务实施

BBU 位于基站机房中的机柜里，在安装 BBU 设备的同时，也要将 BBU 设备正常运行所需要的环境及配套设施安装完毕。本任务将介绍基带设备 ZXRAN V9200 的安装过程。

一、安装设备

1. 安装 14U 框架

①安装扎线架：将 8 个扎线架从上到下均匀分布，用 M6 螺钉固定在 14U 框架的两侧，如图 3-4-1 所示。

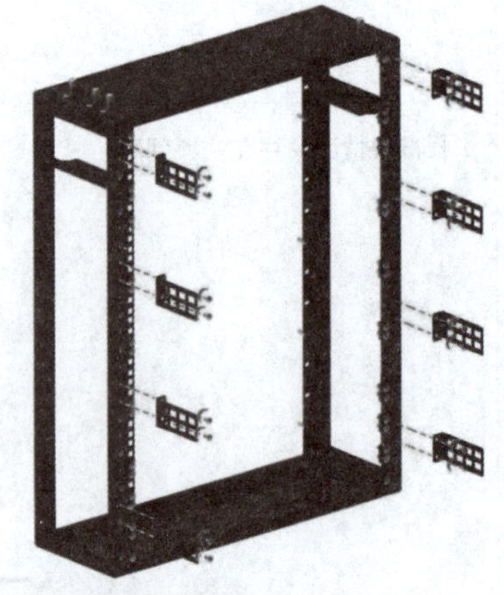

图 3-4-1　安装扎线架

②安装浮动螺母：确定浮动螺母在机架上的安装位置，用记号笔做标记，在标记处安装浮动螺母，如图 3-4-2 所示。

图 3-4-2　安装浮动螺母

③紧固 14U 框架：将 14U 框架抬至机架上的安装位置，用 M6 螺钉穿过框架安装孔，对准浮动螺母紧固，如图 3-4-3 所示。

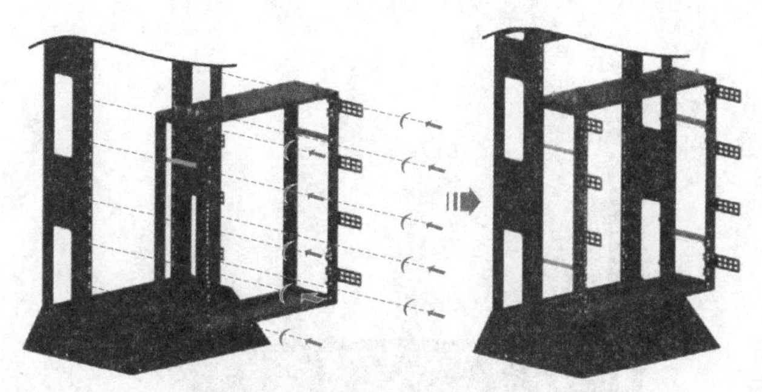

图 3-4-3　紧固 14U 框架

2. 安装 DCPD10

①手托 DCPD10 至安装位置，并轻轻推入。

②用 M6 螺钉将 DCPD10 紧固在 14U 框架上，如图 3-4-4 所示。

图 3-4-4　安装 DCPD10

3. 安装 ZXRAN V9200

①手托 ZXRAN V9200 机框至 14U 框架的托架位置，并轻轻推入托架。

②用 ZXRAN V9200 机框面板自带的 M6 螺钉，将 ZXRAN V9200 机框紧固在 14U 框架上，如图 3-4-5 所示。

图 3-4-5　安装 ZXRAN V9200

4. 安装导风插箱

①手托导风插箱至 ZXRAN V9200 机框下方，并轻轻推入。

②用 M6 螺钉将导风插箱紧固在 14U 框架上，如图 3-4-6 所示。

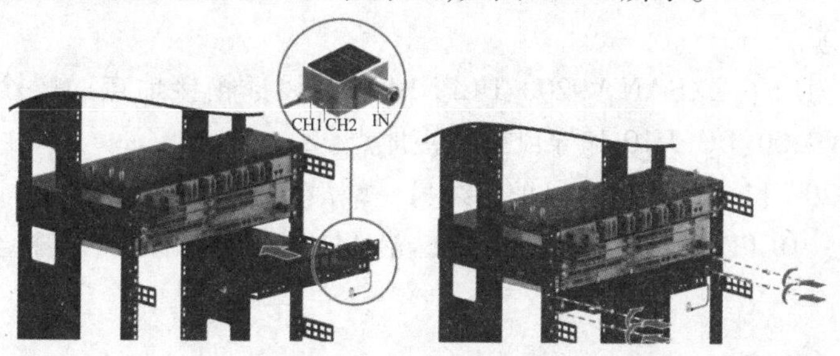

图 3-4-6　安装导风插箱

二、安装线缆

1. 线缆连接（见图 3-4-7）

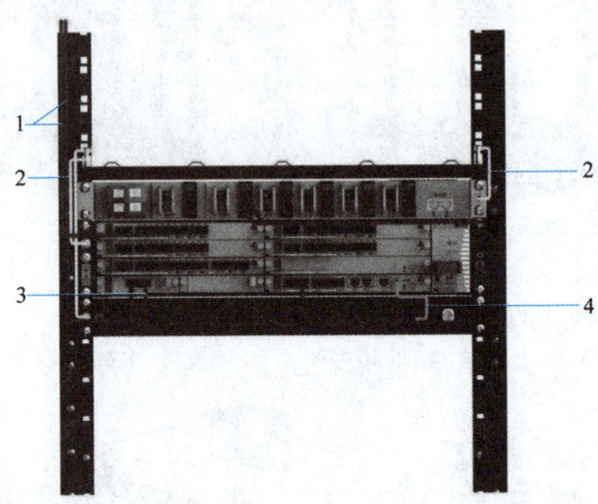

图 3-4-7　线缆连接示意图

1—光纤；2—接地线缆；3—电源线缆；4—GPS 射频线缆

2. 安装接地线缆

具体安装步骤如下：

①佩戴防静电手套。

②安装 ZXRAN V9200、DCPD10 和导风插箱的保护地线，如图 3-4-8 所示。

图 3-4-8　安装 ZXRAN V9200、DCPD10 和导风插箱的保护地线

其中，A 为 ZXRAN V9200 接地线缆，B 为导风插箱接地线缆，C 为 DCPD10 接地线缆，D 为 14U 框架的接地线缆。

a. 用十字螺丝刀取下 ZXRAN V9200、DCPD10 和导风插箱接地点的螺栓，将保护地线的一端固定在 ZXRAN V9200、DCPD10 和导风插箱接地点。

b. ZXRAN V9200 和导风插箱的保护地线另一端沿 14U 框架左侧走线，连接至 14U 框架顶部左侧的接地螺栓。DCPD10 的保护地线另一端沿 14U 框架右侧走线，连接至 14U 框架顶部右侧的接地螺栓。

3. 安装光纤

ZXRAN V9200 使用 LC-LC 型光纤，外观如图 3-4-9 所示。

图 3-4-9 LC-LC 型光纤

具体安装步骤如下：

(1)安装 BBU-RRU 级联光纤

①将光模块插入 VBPc5 单板的 OF 接口，再将 LC-LC 型光纤的 A 端插入光模块，如图 3-4-10所示。

②将 LC-LC 型光纤的 B 端沿 14U 框架的左侧走线，向上绑扎连接至 RRU 的光接口。

③在 LC-LC 型光纤线缆两端做好标签，安装完成。

④将光模块插入 VSWc2 单板的 ETH2 接口，再将 LC-LC 型光纤的 A 端插入光模块，如图 3-4-11所示。

图 3-4-10 光模块插入 VBPc5 单板

图 3-4-11 光模块插入 VSWc2 单板

⑤将 LC-LC 型光纤的 B 端沿 14U 框架的左侧走线连接至 BBU 的光接口。

⑥在 LC-LC 型光纤线缆两端做好标签，安装完成。

(2)安装 GPS 时频线缆

前提是，GPS 避雷器已经安装到导风插箱内，并且 GPS 射频线缆的 B 端已经安装到避雷器的 SMA 射频接口上，如图 3-4-12 所示。

图 3-4-12 GPS 避雷器安装到导风插箱内

GPS 射频线缆的外观如图 3-4-13 所示。

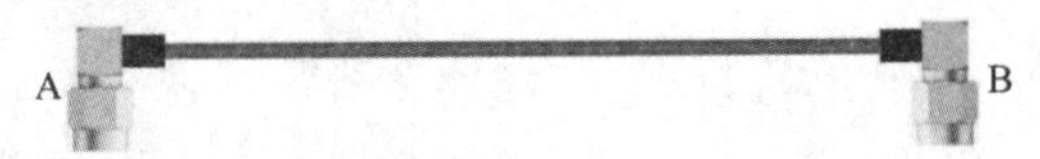

图 3-4-13　GPS 射频线缆

步骤如下：

①如图 3-4-14 所示，将 GPS 射频线缆的 A 端连接到 VSWc2 单板的 GNSS 接口。

②在 GPS 射频线缆两端做好标签，GPS 射频线缆安装完成。

图 3-4-14　GPS 射频线缆的 A 端连接到 VSWc2 单板

(3)安装电源线

电源线为成品线，外观如图 3-4-15 所示。

图 3-4-15　电源线

DCPD10 的接线示意图如图 3-4-16 所示。

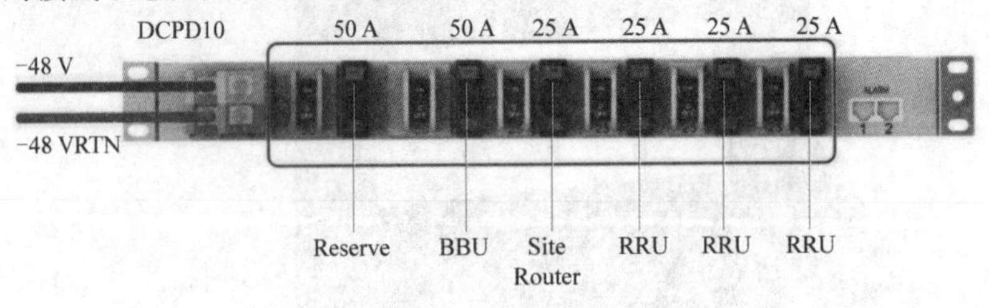

图 3-4-16　DCPD10 的接线示意图

步骤如下：

①将电源线缆的 A 端插入 VPDc1 单板的 -48 V/ -48 V RTN 接口。

②用一字螺丝刀将 DCPD10 的接线口拧开，将电源线缆的 B 端沿导风插箱外侧走线绑扎，连接至 DCPD10 的接线口，如图 3-4-17 所示。

③在电源线缆两端挂上标签，电源线缆安装完成。

图 3-4-17　电源线接至 DCPD10

三、收尾工作

1. 安装检查(见表 3-4-1)

表 3-4-1　设备安装检查项

类别	序号	检查项目
机箱安装	1	机箱安装位置与设计要求相符,机箱安装稳固
	2	整机表面干净整洁,油漆完好。机箱上各种零件无脱落或碰坏,机箱的各种标志正确、清晰、齐全
	3	机箱内部干净清洁,机箱内的各角落没有金属碎屑、导线等杂物
	4	机箱的所有螺钉全部拧紧,平垫、弹垫没有垫反现象
线缆安装	1	各种线缆走线平直,无明显起伏或歪斜现象,没有交叉和空中飞线现象。线缆转弯满足最小弯曲半径
	2	线缆接头部位紧密牢靠,接触良好,插接端正,没有折断或弯曲
	3	电源电缆和接地电缆的金属端子在各种接线柱上安装时均采用平垫片、弹簧垫片紧固
	4	各种线缆两端已贴好标签,标签上标明线缆的用途,线缆两端的标签内容一致
	5	线缆扎带绑扎整齐美观,线扣间距均匀,松紧适度,朝向一致,多余扎带剪除,扎带必须齐根剪平不留尖

2. 设备上电

(1)ZXRAN V9200 上电

①将 ZXRAN V9200 连接的 DCPD10 控制开关置于"ON"状态。

②使用万用表直流电压挡测量 ZXRAN V9200 的输入电压是否处于容差电压范围内。-48 V电压的容差范围为 -57 ~ -40 V。

③将 ZXRAN V9200 电源控制开关置于"ON"状态,查看电源盒指示灯的显示情况。指

示灯长亮，❗指示灯长灭。

(2)检查风扇

检查风扇模块运行时是否有风排出，并检查风扇指示灯状态。

3. 扫尾工作

离开站点前，完成以下扫尾工作：

①工具整理：将安装用到的工具摆放到指定位置。

②余料回收：将工程余料回收，并移交给客户。

③清理杂物：将安装产生的垃圾清扫干净，保证环境整洁。

④完成站点安装报告：将站点安装报告转交给相关负责人，如果站点处于正常工作中，告知操作维护人员站点已经完成安装。

热点话题

BBU 框架是 14U，是指什么含义？为什么要这么设计？

请查阅相关资料，分组讨论。

任务小结

本任务主要学习了 5G 基站中 BBU 设备的安装步骤，具体包括机框框架、DCPD 和导风箱等配套设施的安装步骤，接地线缆、GPS 射频线缆、电源线等线缆的连接和插入，以及 ZXRAN V9200 的安装方法及步骤。安装完成后需要做好收尾工作，逐一进行设备及线缆的检查，并做好设备上电，检查设备运行状态，与此同时，做好工具整理、余料回收和清理杂物工作，并完成站点安装报告。

任务五　AAU 设备的安装

任务描述

本任务主要学习 5G 基站中 AAU 设备的安装步骤。掌握 AAU 的抱杆安装、挂墙安装两种安装方式，熟悉保护地线缆、直流电源线缆等线缆安装方式，了解安装完成后检查的项目、上电流程以及最后的收尾工作。

任务目标

- 识记：AAU 设备的安装检查、上电和收尾工作。
- 领会：AAU 设备的两种安装方式。
- 应用：AAU 设备线缆的连接和插入。

任务实施

本任务将介绍 AAU 设备 ZXRAN V9611 和 ZXRAN V9815 的安装过程。

一、ZXRAN A9611 硬件安装

（一）安装设备

ZXRAN A9611 支持图 3-5-1 和图 3-5-2 所示的两种安装方式。

图 3-5-1　上倾安装方式

图 3-5-2　下倾安装方式

1. 上倾安装

抱杆的直径应满足 80 ~ 120 mm 之间，抱杆上倾安装场景所需要的附件见表 3-5-1。

表 3-5-1　抱杆上倾安装场景所需要的附件

附件名称	可调安装件	不可调安装件	抱杆安装件	刻度盘安装件
外观				
长螺栓				
M10 × 25 六角螺钉				
M6 × 16 螺栓组合件				

步骤：

①用力矩扳手检查抱杆安装件和安装支架是否紧固到位，保证螺栓、弹簧垫圈、平垫圈无遗漏，紧固力矩为 40 N · m，如图 3-5-3 所示。

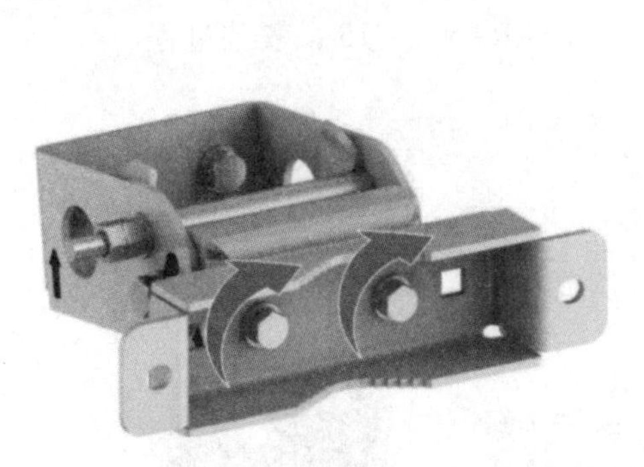

图 3-5-3　紧固抱杆安装件和安装支架

②固定安装支架（抱杆上倾安装场景），使用 M10 × 25 螺栓组合件将安装支架和抱杆安装件固定到整机上，力矩为 40 N · m，如图 3-5-4 所示。

说明：安装支架和抱杆安装件的丝印黑色“箭头”标识均为向下。

③刻度盘安装（抱杆上倾安装场景），根据需求下倾角度安装刻度盘，并紧固。如图 3-5-5 所示，A 处刻度盘紧固使用 M6 × 16 螺栓组合件，紧固力矩为 4.8 N · m；同时将 B 处的 M10 × 25 螺栓紧固，紧固力矩为 40 N · m。

图 3-5-4　固定安装支架

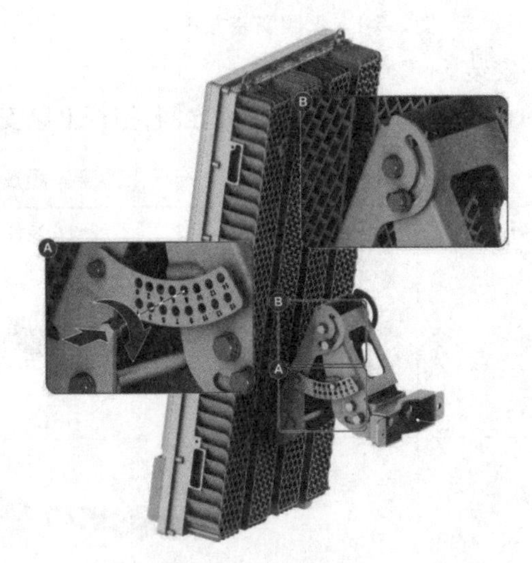

图 3-5-5　刻度盘安装

说明：刻度盘安装件可调节角度为 0° ~ 15°。

④挂装设备（抱杆下倾安装场景），吊装整机上抱杆，通过牵引绳牵引设备紧靠安装位置，如图 3-5-6 所示。

说明：吊装时，抱杆安装件（2 个）、长螺栓（2 个）、螺母（4 个）、弹簧垫圈（2 个）、平垫圈（2 个）、M6 × 16 螺栓（2 个）需要单独携带上抱杆。

⑤固定整机（抱杆上顷安装场景），将长螺栓以及平垫、弹垫穿过上、下安装支架，将整机固定在抱杆上，如图 3-5-7 所示。

图 3-5-6 挂装设备

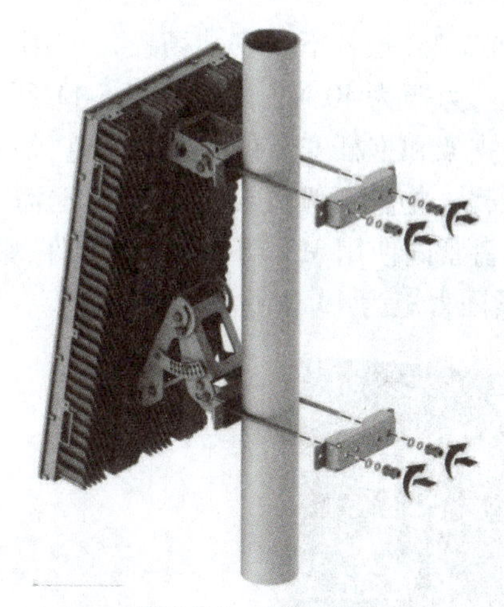

图 3-5-7 固定整机

a. 紧固上抱杆件,紧固力矩为 40 N·m。

b. 调整下抱杆件,使两抱杆件距离为 485 mm,如图 3-5-8 所示。

c. 紧固下抱杆件,紧固力矩 40 N·m。

d. 紧固设备其余所有螺栓、螺母, M10 螺栓紧固力矩 40 N·m, M6 螺栓紧固力矩 4.8 N·m。设备安装完成,如图 3-5-9 所示。

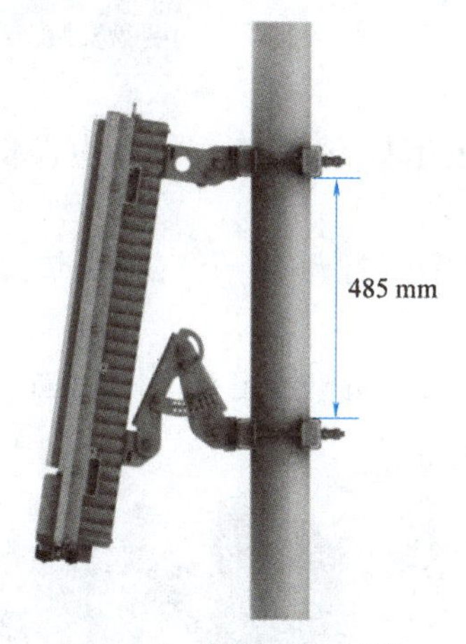

图 3-5-8 调整下抱杆件

图 3-5-9 设备安装完成

2. 下倾安装

步骤:

①用力矩扳手检查抱杆安装件和安装支架是否紧固到位,保证螺栓、弹簧垫圈、平垫圈无遗漏,紧固力矩 40 N·m,如图 3-5-10 所示。

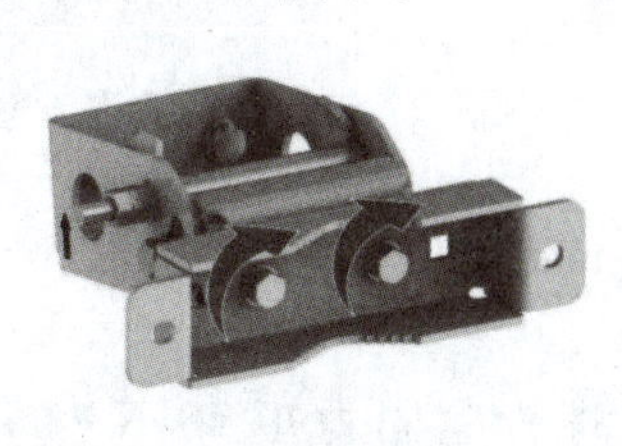

图 3-5-10 检查抱杆安装件和安装支架是否紧固到位

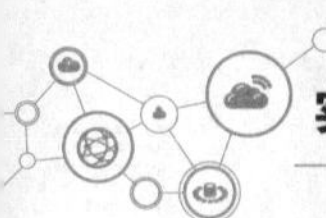

②固定安装支架(抱杆下倾安装场景),使用 M10 ×25 螺栓组合件将安装支架和抱杆安装件固定到整机上,力矩为 40 N · m,如图 3-5-11 所示。

说明:安装支架和抱杆安装件的丝印黑色“箭头”标识均为向上。

③刻度盘安装(抱杆下倾安装场景),根据需求下倾角度安装刻度盘,并紧固,如图 3-5-12 所示,A 处刻度盘紧固使用 M6 ×16 螺栓组合件,紧固力矩为 4.8 N · m ;同时将 B 处的 M10 × 25 螺栓紧固,紧固力矩为 40 N · m。

图 3-5-11　固定安装支架

图 3-5-12　刻度盘安装

说明:刻度盘安装件可调节角度为 0° ~15°。

④挂装设备(抱杆下倾安装场景),吊装整机上抱杆,通过牵引绳牵引设备紧靠安装位置,如图 3-5-13 所示。

说明:吊装时,抱杆安装件(2 个)、长螺栓(2 个)、螺母(4 个)、弹簧垫圈(2 个)、平垫圈(2 个)、M6 ×16 螺栓(2 个)需要单独携带上抱杆。

⑤将长螺栓以及平垫、弹垫穿过上、下安装支架,将整机固定在抱杆上,如图 3-5-14 所示。

图 3-5-13　挂装设备

图 3-5-14　整机固定

a. 紧固上抱杆件,紧固力矩为 40 N · m。

b. 调整下抱杆件,使两抱杆件距离为 485 mm。如图 3-5-15 所示。

c. 紧固下抱杆件,紧固力矩为 40 N · m。

d. 紧固设备其余所有螺栓、螺母,M10 螺栓紧固力矩 40 N · m,M6 螺栓紧固力矩为 4.8 N · m。设备安装完成,如图 3-5-16 所示。

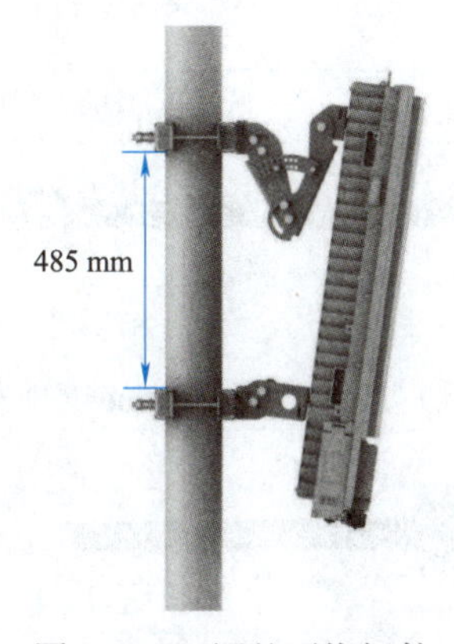

图 3-5-15　调整下抱杆件

图 3-5-16　设备安装完成

说明:安装完成后,安装件上所有丝印黑色箭头标识均为向上。

(二)安装线缆

1. 线缆列表(见表 3-5-2)

表 3-5-2　AAU 连接线缆清单

项目		本端	互联设备
保护地线缆	外观		
	连接器类型	OT 端子	OT 端子
	互联端口	ZXRAN A9611 本端接地端子	接地排
直流电源线缆	外观		
	连接器类型	80A 矩形电源连接器	80A 矩形电源连接器
	互联端口	PWR 接口	直流供电设备
光纤(OPT1)	外观		
	连接器类型	LC 连接器	DLC 连接器
	互联端口	ZXRAN A9611 侧的 OPT 端口	BBU 侧光端口
光纤(OPT2 和 OPT3)	外观		
	连接器类型	LC 连接器	DLC 连接器
	互联端口	ZXRAN A9611 侧的 OPT 端口	BBU 侧光端口

续表

项目		本端	互联设备
RGPS 线缆（可 选）	外观		
	连接器类型	8 芯圆形连接器	8 芯 PCB 插座
	互联端口	ZXRAN A9611 本端 RGPS 端口	外置 RGPS 模块
直流电源线缆	外观		
	连接器类型	DB15 连接器	裸线
	互联端口	ZXRAN A9611 本端 MON/LMT 端口	外部监控设备
MON/LMT 线缆	外观		
	连接器类型	DB15 连接器	LPU 设备外部监控设备
	互联端口	ZXRAN A9611 本端 MON/LMT 端口	
AISG 接口线缆（MON/LMT）	外观		
	连接器类型	DB15 连接器	AISG 连接器
	互联端口	ZXRAN A9611 本端 MON/LMT 端口	外部监控设备

2. 线缆连接示意图（见图 3-5-17）

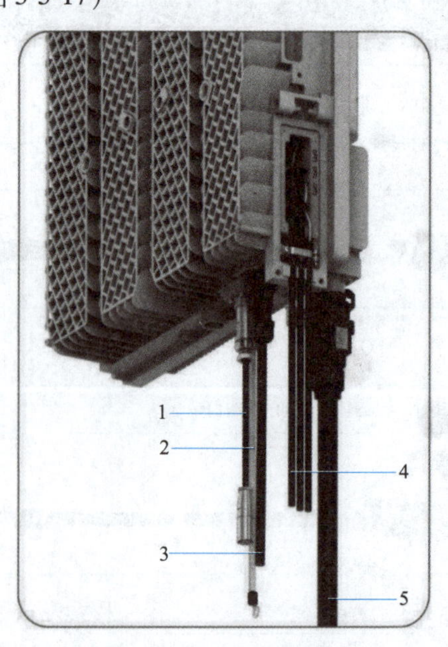

图 3-5-17　线缆连接示意图

1—RGPS 线缆；2—接地线缆；3—MON/LMT 线缆；4—光纤；5—直流电源线缆

3. 安装接地线缆

安装接地线缆使用的工具如下：

压线钳：用来压接 OT 端子。

力矩扳手：用来固定保护地线。

说明：接地线缆选用规格为 35 mm^2 的黄绿色接地线缆。

步骤：

①在接地线缆两端分别压接 OT 端子。

②如图 3-5-18 所示，将压接好的接地线缆的一端套在 ZXRAN A9611 的接地螺钉上，并拧紧接地螺钉，紧固力矩 4.8 N·m。

③除去地排上的锈迹，将保护地线缆的另一端连接到地排上，用螺栓固定。

④绑扎固定线缆，并粘贴标签。

图 3-5-18　安装接地线缆

4. 安装光纤

安装光纤使用的工具如下：

内六角扳手：打开维护窗。

斜口钳：拆除波纹管。

说明：配置一根光纤时需安装至 OPT1 接口。

步骤：

①如图 3-5-19 所示，打开 ZXRAN A9611 维护窗。

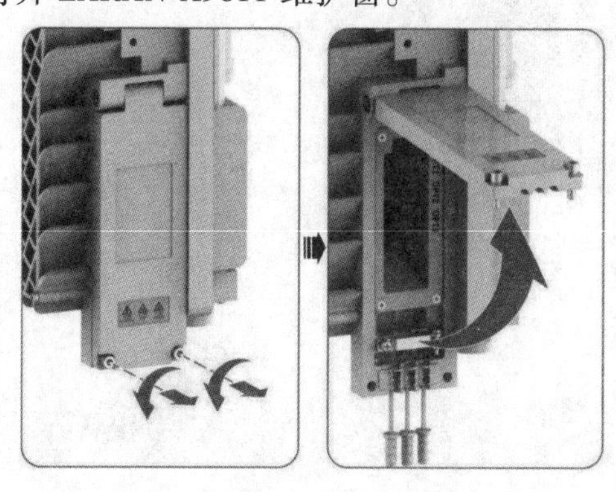

图 3-5-19　打开 ZXRAN A9611 维护窗

②如图 3-5-20 所示，松开维护窗内压线夹。

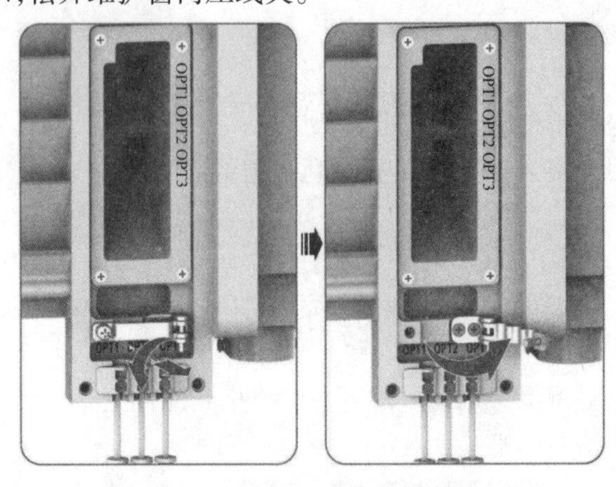

图 3-5-20　松开维护窗内压线夹

③(可选)如图 3-5-21 所示将光模块插入光接口。

图 3-5-21　将光模块插入光接口

④将光纤一端的光纤保护盖拆除，并摘掉光纤连接器的白色防尘帽。

⑤如图 3-5-22 所示，插入光纤。

说明：光纤穿过维护窗的出线卡槽，保持与设备下缘200 mm长度的垂直走线，不能弯曲受力。

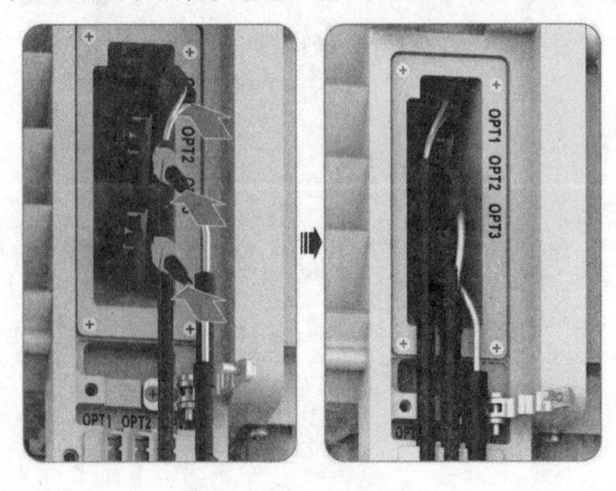

图 3-5-22　插入光纤

⑥如图3-5-23所示,压下维护窗内压线夹,紧成固压线夹压线螺钉,紧固力矩为0.8 N·m。

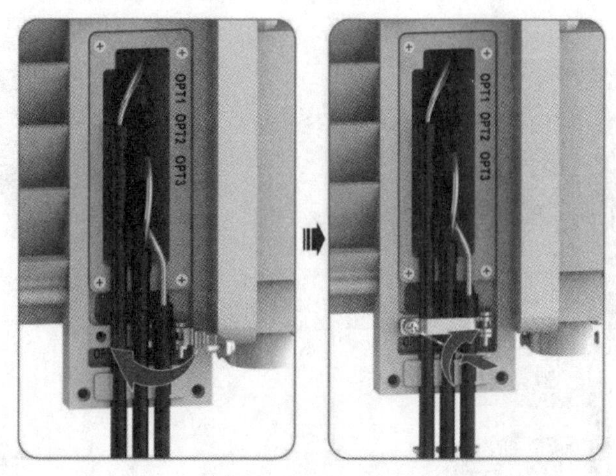

图3-5-23 压下维护窗内压线夹,紧成固压线夹压线螺钉

⑦将光纤的另一端安装到BBU光接口上,挂上光纤塑料标签,完成光纤的安装。

⑧关闭维护窗,并拧紧螺钉防水,紧固力矩为3 N·m。

⑨户外光缆过长时,富余部分预留在RRU侧,整齐盘成直径38 cm~40 cm的圆环后用黑色线扣绑扎固定在抱杆上。

5. 安装MON/LMT线缆(可选)

MON/LMT线缆用于连接外部监控设备的干接点接口和维护操作设备以太网接口。安装MON/LMT线缆使用的工具为,十字/一字螺丝刀。紧固MON/LMT接线缆接头。

步骤:

①如图3-5-24所示,拆下MON/LMT接口保护盖,将MON/LMT线缆的一端连接ZXRAN A9611机箱底部的MON/LMT接口,并拧紧接口的螺钉,紧固力矩0.7 N·m。

②将MON/LMT线缆的另一端连接到外部监控设备的干接点接口或者维护中操作设备以太网接口。

③绑扎固定线缆,并挂上标签。

6. 安装RGPS线缆(可选)

安装RGPS线缆使用的工具为力矩扳手,用于紧固RGPS接口线缆接头。

步骤:

①如图3-5-25所示,拆下RGPS接口保护盖,将RGPS接口线缆的一端连接ZXRAN A9611的RGPS接口,并用扳手紧固线缆接头,紧固力矩1.5 N·m。

②参见下文“8. 室外接头的防水处理”中对RGPS线缆接头进行防水处理。

③将RGPS线缆的另一端连接至外置RGPS模块。

④在RGPS线缆两端挂上标签,完成RGPS线缆的安装。

7. 安装直流电源线缆

步骤:

①截取线缆,并按要求剥线。直流电源线缆剥线要求如图3-5-26所示。

②剥线完成后,芯线套上管状端子,用专用压接钳压接。

③如图3-5-27所示,压下直流连接器卡扣,取出直流电源连接器插头。

④拆除直流电源连接器尾部，松开直流电源连接器尾部紧固螺母，取出密封胶圈，如图3-5-28所示。

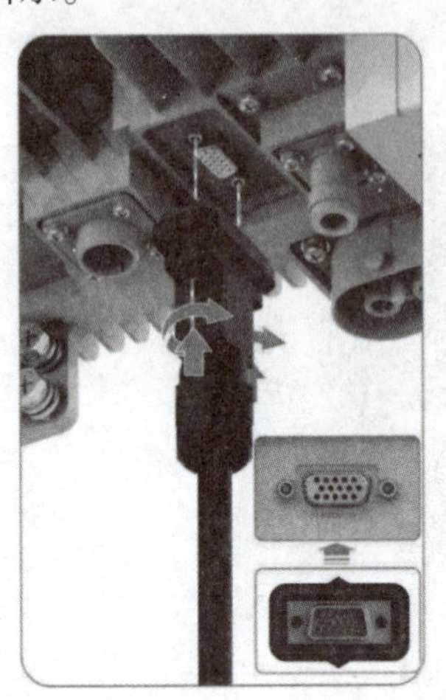

图3-5-24　MON/LMT线缆的一端连接ZXRAN A9611机箱底部

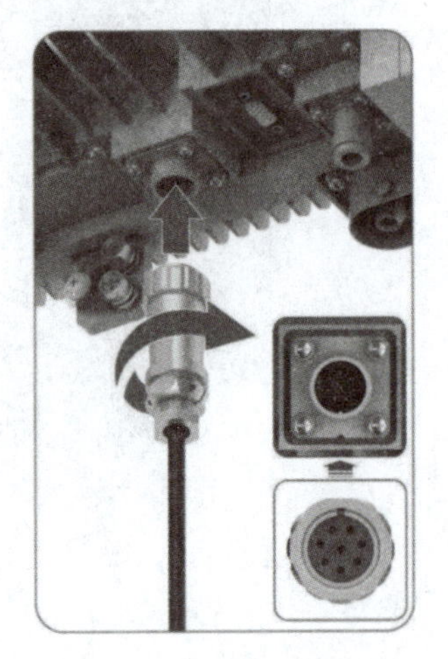

图3-5-25　RGPS接口线缆的一端连接ZXRAN A9611

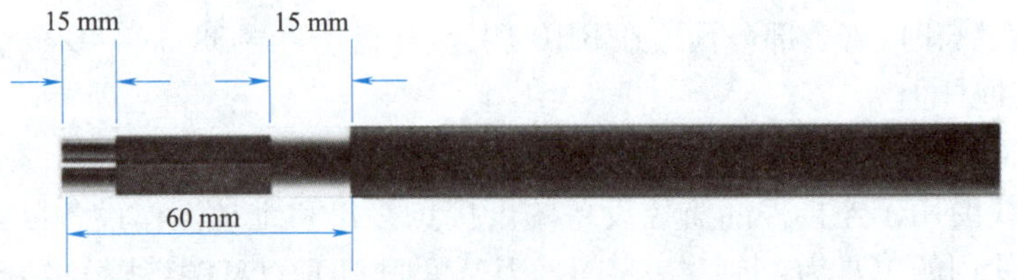

图3-5-26　直流电源线缆剥线

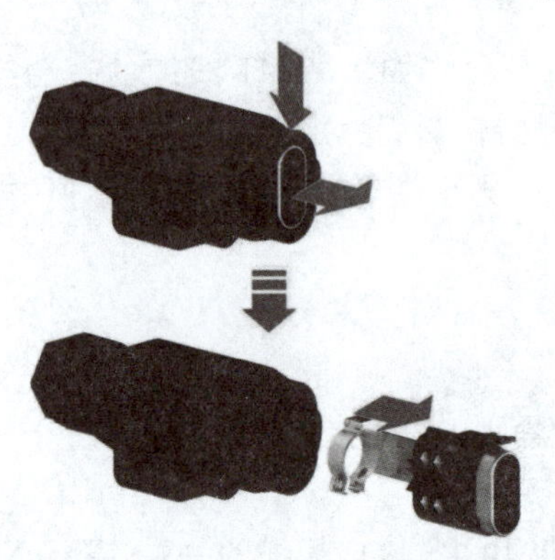

图3-5-27　取出直流电源连接器插头

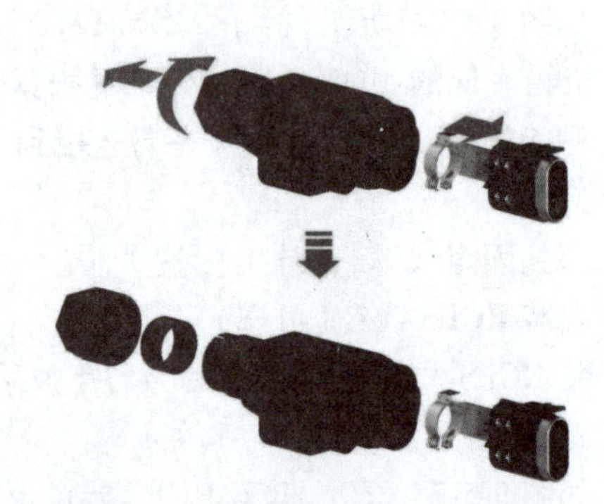

图3-5-28　拆除直流电源连接器尾部

⑤将电源线缆穿入连接器如图3-5-29所示，将电源线缆依次穿过直流电源连接器的尾部螺母、密封胶圈和外壳。

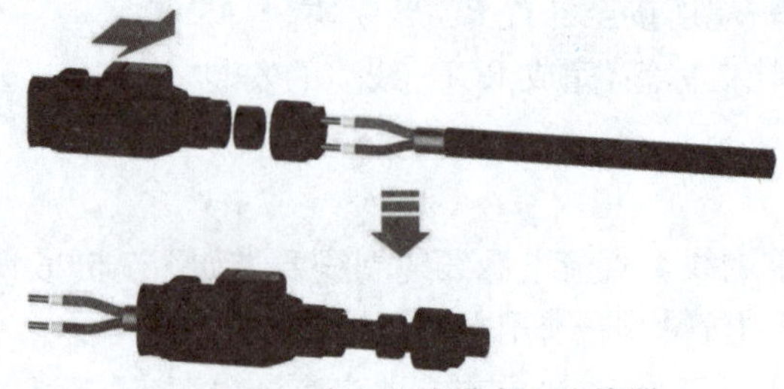

图3-5-29　将电源线缆穿入连接器

⑥将线缆管状端子插入直流电源连接器插头内,松开直流电源连接器插头上的压线螺钉和压线夹螺钉,将蓝色线芯的管状端子插入连接器插头的“1”脚,红色或黑色线芯的管状端子插入连接器插头的“2”脚,如图 3-5-30 所示。

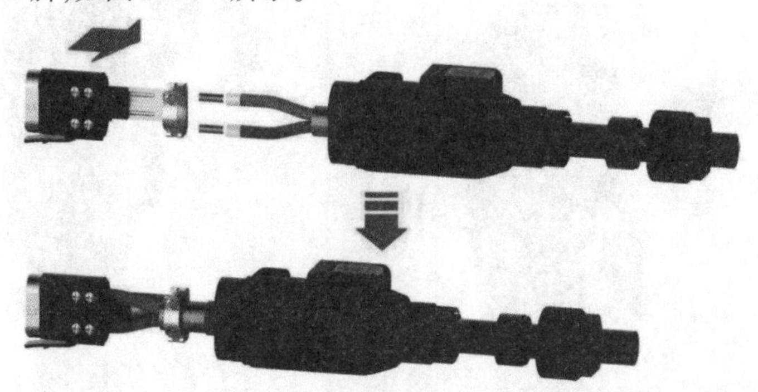

图 3-5-30　将线缆管状端子插入直流电源连接器插头内

⑦紧固压线螺钉,如图 3-5-31 所示,紧固压线螺钉和压线夹螺钉,将直流电源连接器外壳上推至直流电源连接器插头,听到“咔嗒”声音表示装配到位。

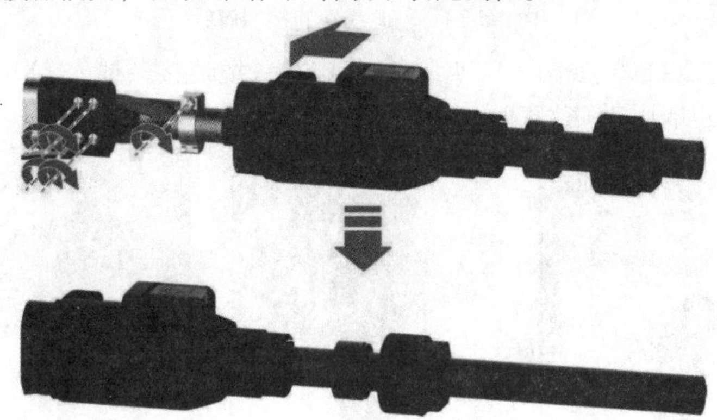

图 3-5-31　紧固压线螺钉

⑧卡入密封胶圈,拧紧紧固螺母。如图 3-5-32 所示,将密封胶圈上推卡入直流连接器外壳的压紧锯齿内,拧紧直流电源线缆连接器尾部紧固螺母,直流电源线缆一端制作完成。

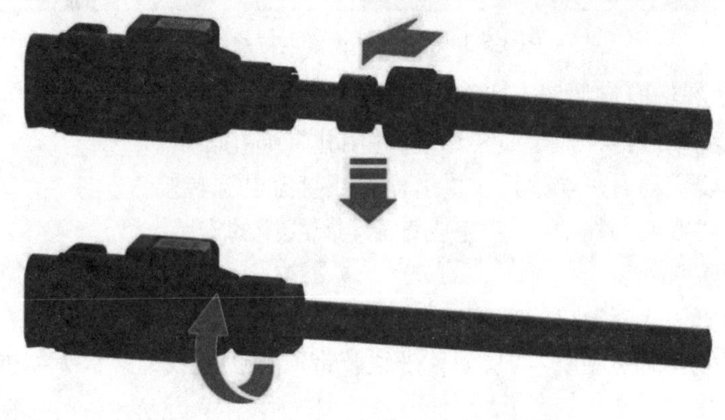

图 3-5-32　卡入密封胶圈,拧紧紧固螺母

⑨将 ZXRAN A9611 PWR 接口保护盖的扳手扳到垂直方向,并退下 PWR 接口保护盖。

⑩电源线缆连接器解锁,如图 3-5-33 所示,向后拨动电源线缆连接器的绿色扳手锁扣,将

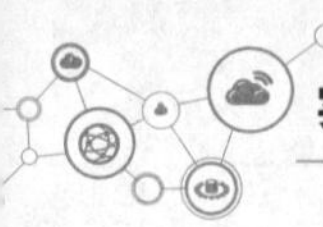

电源线缆连接器的扳手扳到垂直方向。

图 3-5-33　电源线缆连接器解锁

⑪插入并锁紧电源线缆,如图 3-5-34 所示,将电源线缆连接器插入 ZXRAN A9611 的 PWR 接口,并扳下扳手,在听到"咔嗒"声时,表示扳手锁紧到位,安装完成。

图 3-5-34　插入并锁紧电源线缆

说明:安装电源线缆时需按照上述顺序安装,否则可能会导致卡扣断裂。

⑫将直流电源线缆沿抱杆或走线架缠绕,并用扎带绑扎固定。

⑬将直流电源线缆的另一端连接至供电设备或直流电源转接盒。

⑭在直流电源线缆两端挂上标签,完成直流电源线缆的安装。

8. 室外接头的防水处理

ZXRAN A9611 安装在室外时,对 ZXRAN A9611 除光纤外的各个接头和未使用接口需要进行防水处理。防水处理需要缠绕"两层耐紫外线胶带",保护地线缆接口无需进行防水处理。

步骤:

(1)室外线缆接头防水处理

①清除线缆接头上的灰尘、油垢等杂物。

②缠绕两层耐紫外线胶带。按照接头旋紧的方向依次缠绕两层耐紫外线胶带。耐紫外线

胶带第一层应自上而下缠绕,第二层自下而上缠绕,如图 3-5-35 所示。缠绕时注意以下几点:

a. 采用自然的力度拉伸和缠绕耐紫外线胶带,无须大力拉伸。

b. 上层胶带覆盖下层胶带的 1/2。

c. 耐紫外线胶带缠绕长度要超出防紫外线约 10 mm。

d. 缠绕完成后,应反复用双手握捏,保证胶带和线缆、线缆接头黏合牢固。

③扎紧扎带(线缆接头防水),如图 3-5-36 所示,使用黑色耐紫外线扣扎紧耐紫外线胶带。

图 3-5-35　缠绕两层耐紫外线胶带

图 3-5-36　扎紧扎带

说明:用斜口钳剪去多余扎带时,注意保留 3 mm,防止高温天气回扣。

(2)室外接头保护盖防水处理

①未使用接头的检查。检查未使用的接口是否有防尘盖。若没有防尘盖需要补加上。

②拧紧室外接头保护盖。校准扣保护盖紧固力矩为 1.1 N · m。

③缠绕两层耐紫外线胶带。按照保护盖拧紧的方向依次缠绕两层耐紫外线胶带。耐紫外线胶带第一层应自上而下缠绕,第二层自下而上缠绕,如图 3-5-37 所示。缠绕时注意以下几点:

a. 采用自然的力度拉伸和缠绕耐紫外线胶带,无须大力拉伸。

b. 上层胶带覆盖下层胶带的 1/2。

c. 缠绕完成后,应反复握捏,保证胶带和保护盖黏合牢固。

图 3-5-37　缠绕两层耐紫外线胶带

④扎紧扎带(保护盖防水),如图 3-5-38 所示,使用黑色耐紫外线扣扎紧耐紫外线胶带。

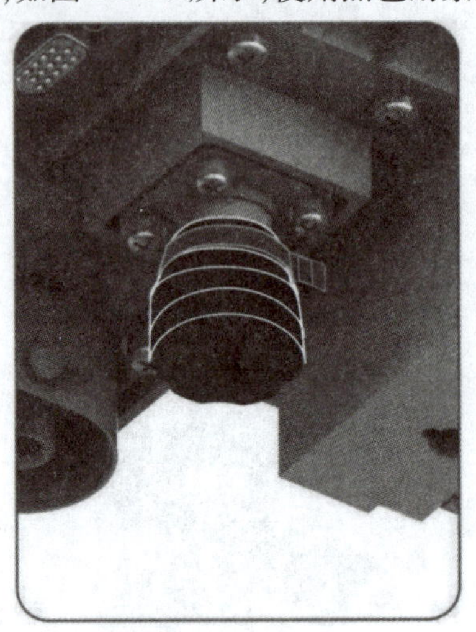

图 3-5-38　扎紧扎带

(三)收尾工作

1. 安装检查(见表 3-5-3)

表 3-5-3　AAU 安装检查要点

分类	检查要点
设备安装	设备安装件安装顺序正确,安装固定牢靠,无晃动现象
	独立抱杆必须配有避雷针,确保设备处于 45°保护范围内,并可靠接地
线缆安装	电源线及地线鼻柄和裸线需用套管或绝缘胶布包裹,无铜线裸露,铜鼻子型号和线缆直径相符
	电源极性连接正确,电源线、地线端子压接牢固。铜鼻子在各种接线柱上安装,必须用平垫片、弹簧垫片紧固,弹簧垫片压平
	地线、电源线的余长要剪除,不能盘绕。必须采用整段线料且绝缘层无破损现象,不得由两段以上电缆连接而成
	电源线和信号线尾纤分类绑扎,分开布放,间距大于 5 cm,无交叠
	电缆的弯曲半径符合标准要求
	各种线缆接头连接紧固,无松动现象
	黑白扎带不可混用,室内采用白色扎带,扎带尾齐根剪断无尖口;室外采用黑色扎带,扎带尾需剪平并预留 3 ~ 5扣(3 ~ 5 mm)余量(防高温天气退扣)
	线缆标签齐全,格式正确,朝向一致,如用户有特殊要求,按用户要求的格式操作(需提供用户要求相关文档证明)
接水、防水	设备保护地线安装齐全,不得串接。保护地线接地接入铜排遵循就近原则
	保护地线接地端子,连接前要进行除锈除污处理,保证连接的可靠

2. 设备上电

①将供电设备连接到 ZXRAN A9611 接线盒或防雷箱的空气开关闭合。

②通过指示灯状态判断 ZXRAN A9611 上电完成。上电流程如图 3-5-39 所示。

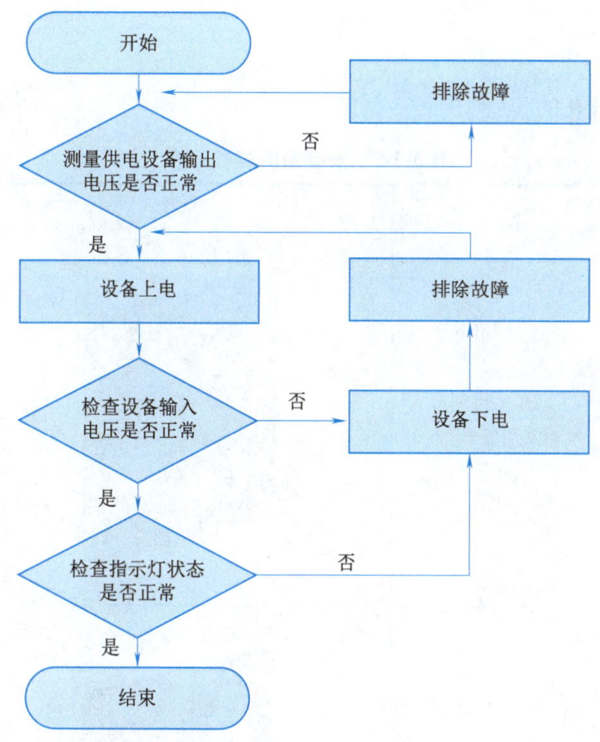

图 3-5-39　上电流程

离开站点前，完成以下收尾工作：

工具整理：将安装用到的工具收回到相应位置。

余料回收：将工程余料回收，并移交给客户。

清理杂物：将安装产生的垃圾清扫干净，保证环境整洁。

完成安装报告：填写安装报告，并转交给相关负责人。

二、ZXRAN A9815 硬件安装

1. 挂墙安装

ZXRAN A9815 挂墙安装时要求墙体为混凝土，挂墙安装所需要的附件见表 3-5-4。

表 3-5-4　挂墙安装所需要的附件

附件名称	可调安装件	支座
外观	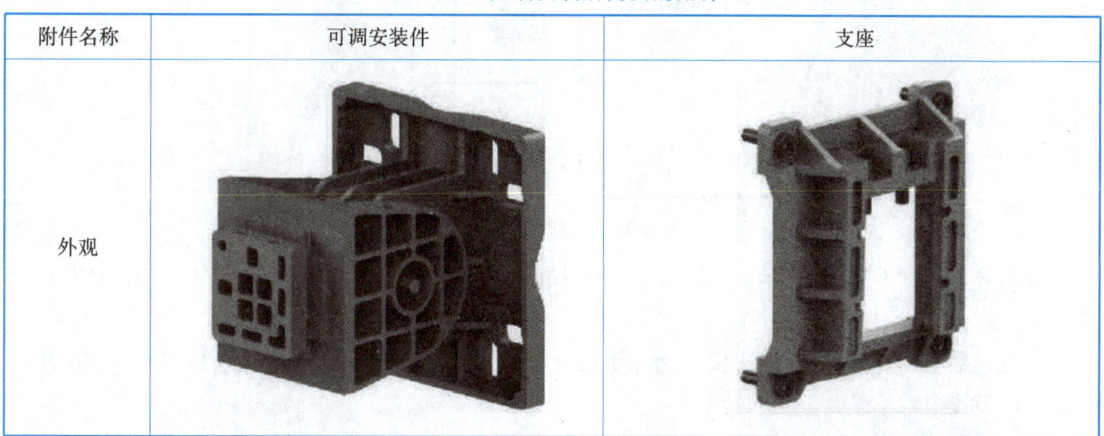	

步骤：

(1)安装膨胀螺栓

①在墙上标记出打孔的位置，见表3-5-5。

表3-5-5　安装膨胀螺栓示意

场景	示意
竖直方向角度可调节挂墙安装场景	78 mm 111 mm
水平方向角度可调节挂墙安装场景	78 mm 111 mm

②组装膨胀螺栓，如图3-5-40所示顺序组装膨胀螺栓。

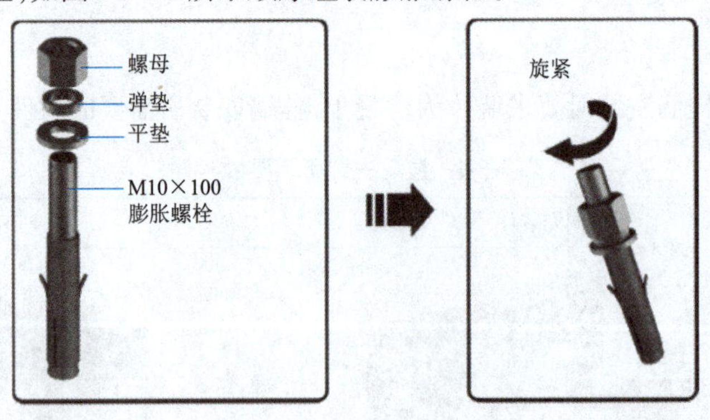

图3-5-40　组装膨胀螺栓

③打孔，如图3-5-41所示，使用$\phi12$冲击钻头在标记位置上进行打孔操作，并用吸尘器吸除灰尘。

④安装膨胀螺栓，如图3-5-42所示，使用$\phi12$冲击钻头在标记位置上进行打孔操作，并用吸尘器吸除灰尘。

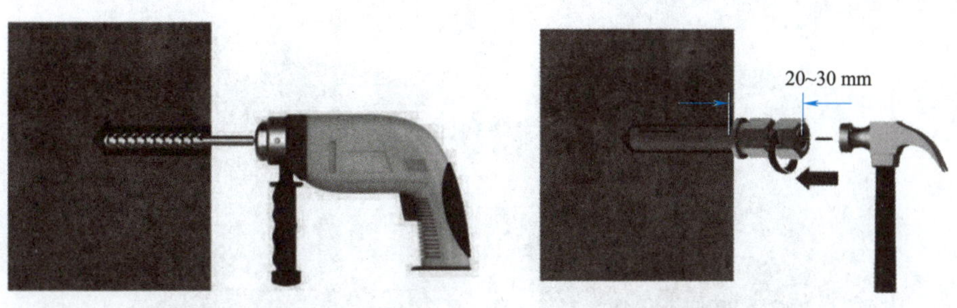

图 3-5-41　打孔　　　　图 3-5-42　安装膨胀螺栓

⑤取出螺母、弹垫、平垫，如图 3-5-43 所示，沿逆时针方向拧松螺母并取出螺母、弹垫、平垫。

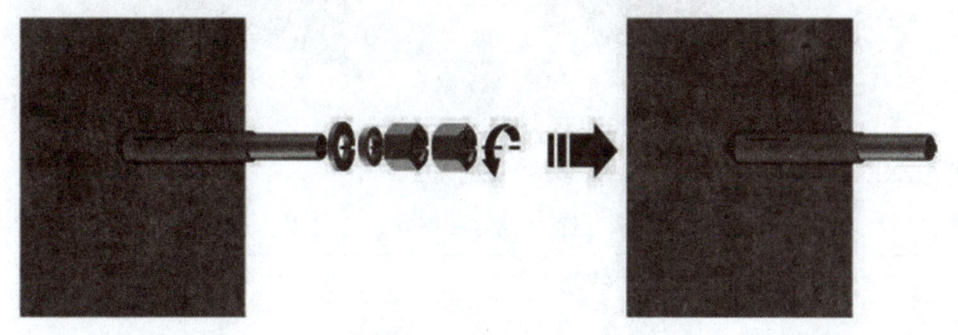

图 3-5-43　取出螺母、弹垫、平垫

(2)安装 ZXRAN A9815

①将可调安装件固定在墙面上，见表 3-5-6。

表 3-5-6　将可调安装件固定在墙面上

场景	竖直方向角度可调节挂墙安装场景	水平方向角度可调节挂墙安装场景
示意		

说明：安装件“V”标签朝上，可以调节竖直方向的角度。安装件“H”标签朝上，可以调节水平方向的角度。

②将支座通过四颗 M6 螺钉紧固在整机上，紧固力矩为 4 N · m，如图 3-5-44 所示。

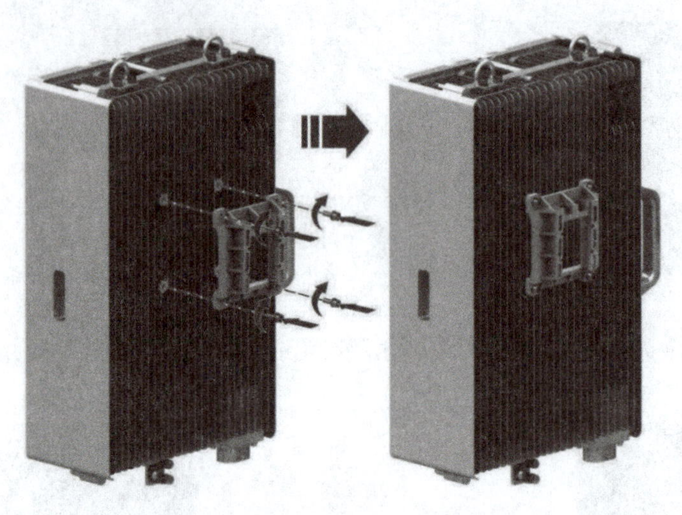

图 3-5-44　将支座紧固在整机上

③将 ZXRAN A9815 挂装到可调安装件上，见表 3-5-7。

表 3-5-7　将 ZXRAN A9815 挂装到可调安装件上

场景	竖直方向角度可调节挂墙安装场景	水平方向角度可调节挂墙安装场景
示意		

④使用 M6 内六角扳手拧紧支座上方的两颗 M6 紧固螺钉，紧固力矩为 4 N · m ，见表 3-5-8。

表 3-5-8　拧紧支座上方紧固螺钉

场景	竖直方向角度可调节挂墙安装场景	水平方向角度可调节挂墙安装场景
示意		

(3)调节角度

①松开紧固螺钉,见表 3-5-9。

表 3-5-9　松开紧固螺钉

场景	竖直方向角度可调节挂墙安装场景	水平方向角度可调节挂墙安装场景
示意	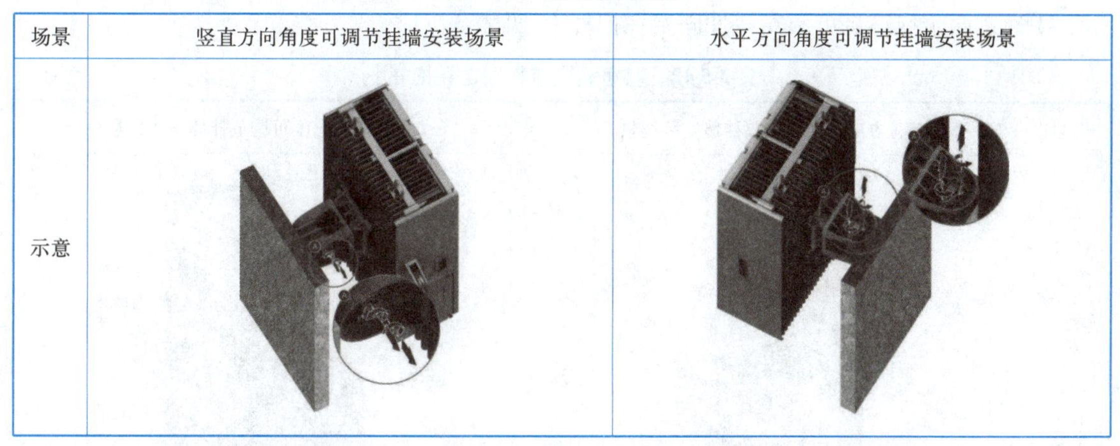	

②按照角度刻度盘指示调节角度,调整到需要位置后,将两颗紧固螺钉拧紧,见表 3-5-10。

表 3-5-10　按照角度刻度盘指示调节角度并固定

场景	竖直方向角度可调节挂墙安装场景	水平方向角度可调节挂墙安装场景
示意		

③ZXRAN A9815 挂墙安装完成,见表 3-5-11。

表 3-5-11　ZXRAN A9815 挂墙安装

场景	竖直方向角度可调节挂墙安装场景	水平方向角度可调节挂墙安装场景
示意		

2. 抱杆安装

步骤：

(1)安装 ZXRAN A9815

①通过两个抱箍将可调安装件固定在抱杆上，见表 3-5-12。

表 3-5-12　将可调安装件固定在抱杆上

场景	竖直方向角度可调节挂墙安装场景	水平方向角度可调节挂墙安装场景
示意		

说明：安装件“H”标签朝上，可以调节竖直方向的角度。安装件“V”标签朝上可以调节水平方向的角度。

②安装支座，将支座通过四颗 M6 螺钉紧固在整机上，紧固力矩为 4 N · m，如图 3-5-45 所示。

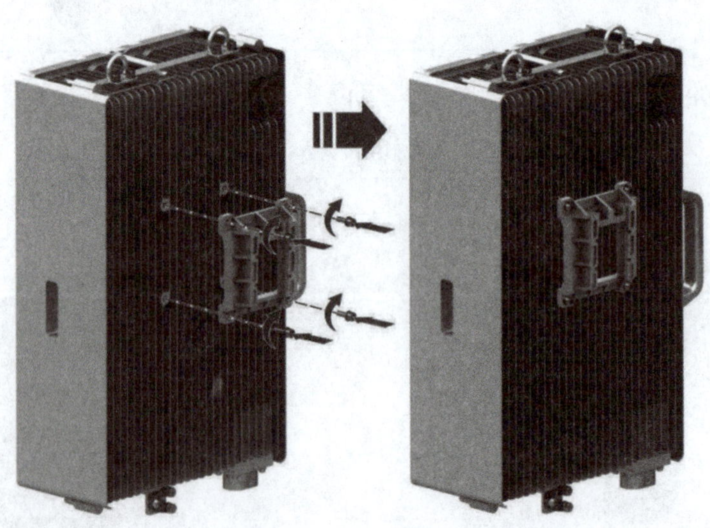

图 3-5-45　安装支座

③挂装 ZXRAN A9815，将 ZXRAN A9815 挂装到可调安装件上，见表 3-5-13。

表 3-5-13　挂装 ZXRAN A9815

场景	竖直方向角度可调节挂墙安装场景	水平方向角度可调节挂墙安装场景
示意	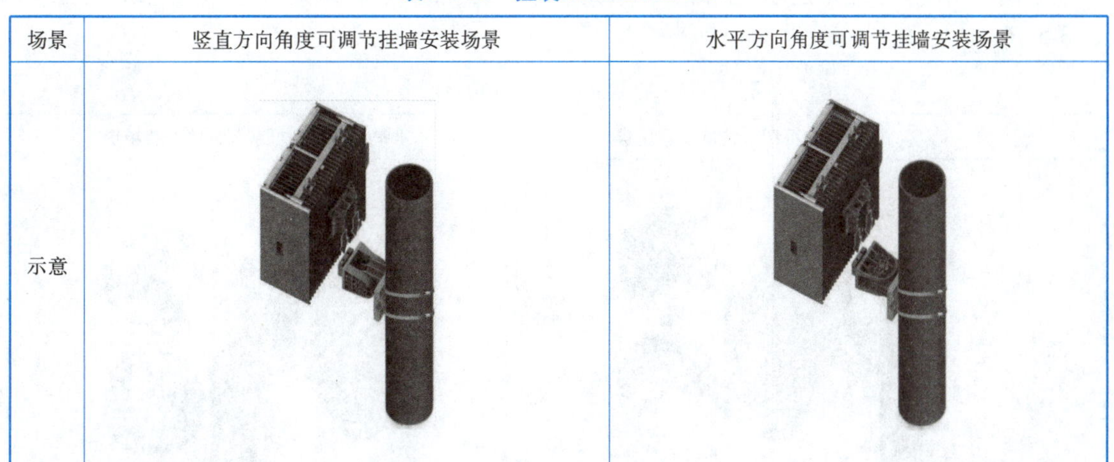	

④安装 ZXRAN A9815，使用 M6 内六角扳手拧紧支座上方的两颗 M6 紧固螺钉，紧固力矩为4 N · m，见表 3-5-14。

表 3-5-14　安装 ZXRAN A9815

场景	竖直方向角度可调节挂墙安装场景	水平方向角度可调节挂墙安装场景
示意	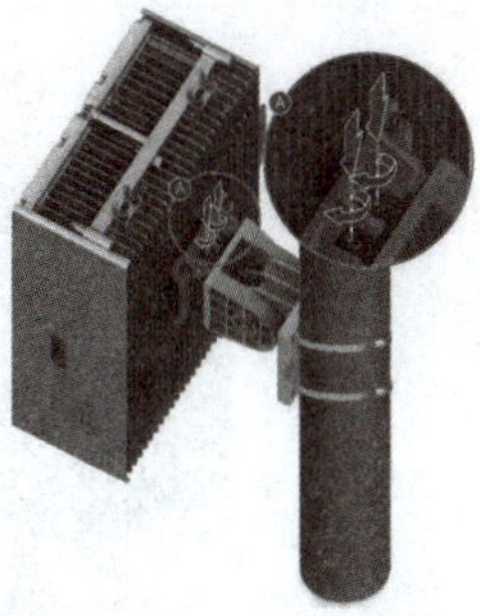	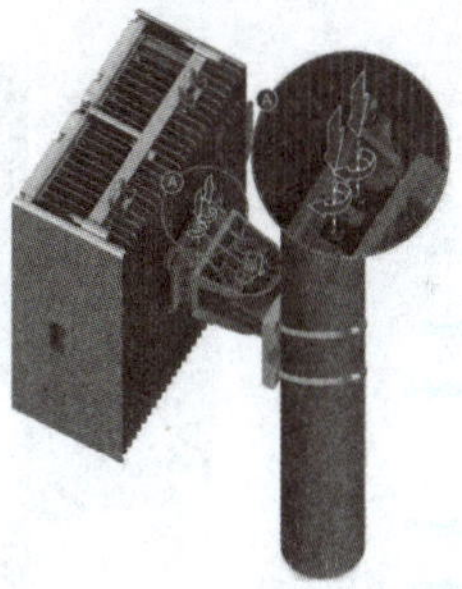

⑤松开紧固螺钉，见表 3-5-15。

表 3-5-15　松开紧固螺钉

场景	竖直方向角度可调节挂墙安装场景	水平方向角度可调节挂墙安装场景
示意	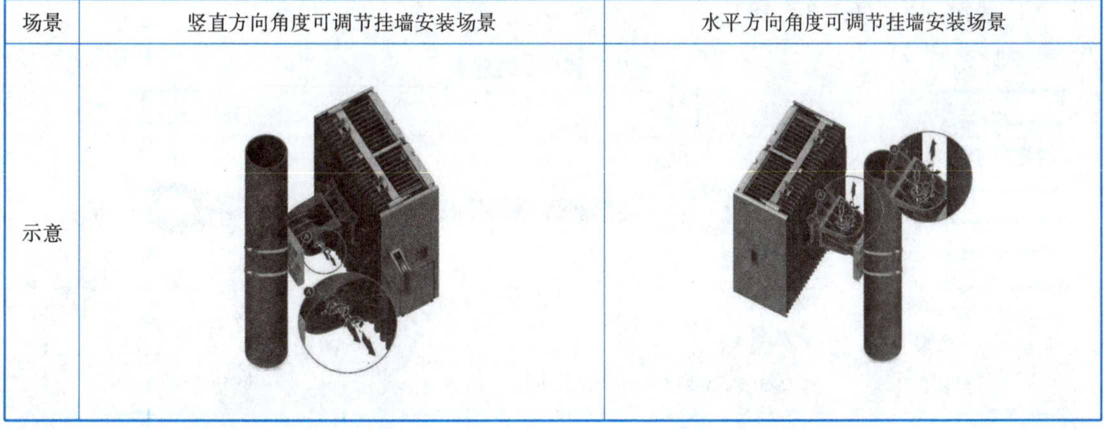	

⑥调节角度，按照角度刻度盘指示调节角度，调整到需要位置后，将两颗紧固螺钉拧紧，见表 3-5-16。

表 3-5-16　按照角度刻度盘指示调节角度

场景	竖直方向角度可调节挂墙安装场景	水平方向角度可调节挂墙安装场景
示意	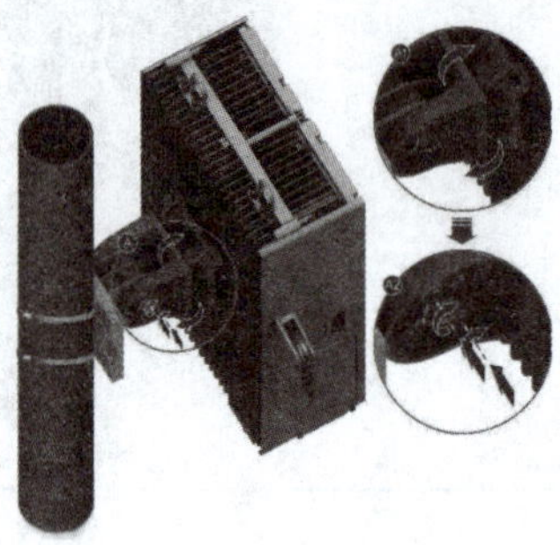	

⑦ZXRAN A9815 抱杆安装完成，见表 3-5-17。

表 3-5-17　ZXRAN A9815 抱杆安装完成

场景	竖直方向角度可调节挂墙安装场景	水平方向角度可调节挂墙安装场景
示意	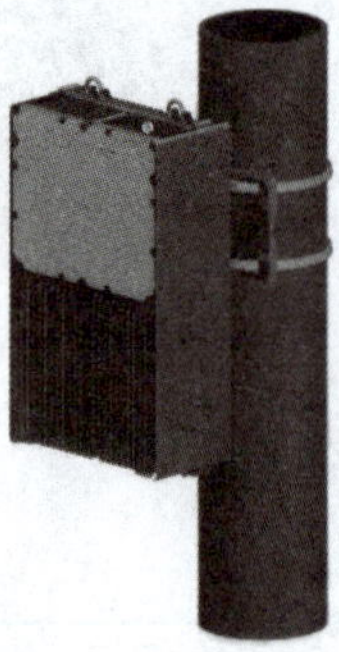	

3. 安装线缆

(1)线缆列表(见表 3-5-18)

表 3-5-18　线缆列表

项目		本端	互联设备
保护地线缆	外观		
	连接器类型	OT 端子	OT 端子
	互联端口	ZXRAN A9815 本端接地端子	接地排

续表

项目		本端	互联设备
直流电源线缆	外观		
	连接器类型	80A 矩形电源连接器	
	互联端口	PWR 接口	
光纤	外观		
	连接器类型	LC 连接器	LC 连接器
	互联端口	ZXRANA9815 侧的 OPT1 端口和 OPT2 端口	BBU 侧光端口
	外观		
	连接器类型	MPO 连接器	DLC 连接器
	互联端口	ZXRAN A9815 侧的 OPT3 端口	BBU 侧光端口

(2)线缆连接示意图(见图 3-5-46)

图 3-5-46　线缆连接示意图

1—光纤;2—直流电源线缆;3—保护地线缆

（3）安装保护地线缆

安装保护地线缆使用的工具如下：

压线钳：压接 OT 端子。

力矩扳手：固定保护地线。

说明：保护地线缆选用规格为 16 mm^2的黄绿色保护地线缆。

步骤：

①在保护地线缆两端分别压接 OT 端子。

②安装保护地线缆，如图 3-5-47 所示，将压接好的保护地线缆的一端套在 ZXRAN A9815 的接地螺钉上，并拧紧接地螺钉。

③除去地排上的锈迹，将保护地线缆的另一端连接到地排上，用螺栓固定。

④绑扎固定线缆，并粘贴标签。

图 3-5-47　安装保护地线缆

（4）安装光纤

安装光纤使用的工具如下：

压线钳：打开维护窗。

力矩扳手：固定保护地线。

步骤：

①打开维护窗，如图 3-5-48 所示，打开 ZXRAN A9815 维护窗。

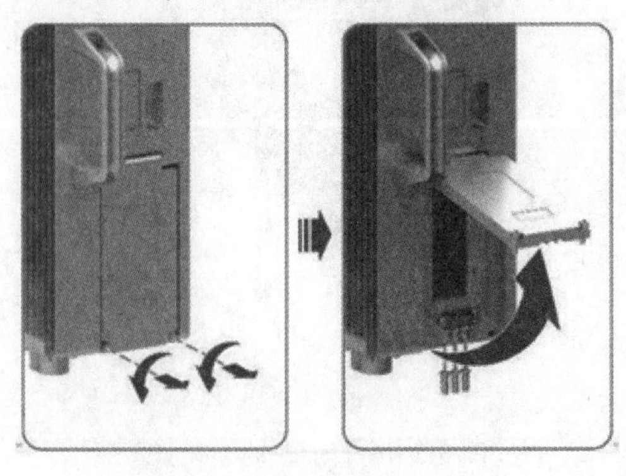

图 3-5-48　打开维护窗

②松开维护窗内压线夹，如图 3-5-49 所示，松开维护窗内压线夹。

图 3-5-49　松开维护窗内压线夹

③(可选)插入光模块，如图 3-5-50 所示，将光模块插入光接口。

图 3-5-50　插入光模块

④将光纤端的光纤保护盖拆除，并摘掉光纤连接器的白色防尘帽。

⑤如图 3-5-51 所示，插入光纤。

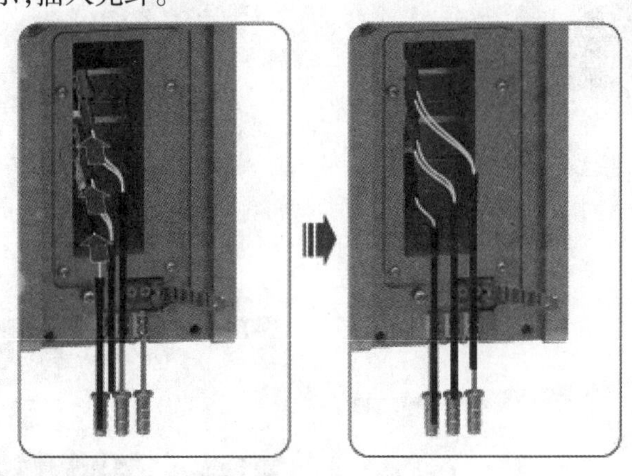

图 3-5-51　插入光纤

说明：光纤穿过维护窗的出线卡槽，保持与设备下缘 200 mm 长度的垂直走线，不能弯曲受力。

⑥压接光纤，如图 3-5-52 所示，压下维护窗内压线夹，紧固压线夹压线螺钉，紧固力矩为0.8 N·m。

⑦将光纤的另一端安装到 BBU 光接口上，挂上光纤塑料标签，完成光纤的安装。

⑧关闭维护窗，并拧紧螺钉，紧固力矩为 3 N·m。

⑨户外光缆过长时，富余部分预留在 ZXRAN A9815 侧，整齐盘成直径 38～40 cm 的圆环后用黑色线扣绑扎固定。

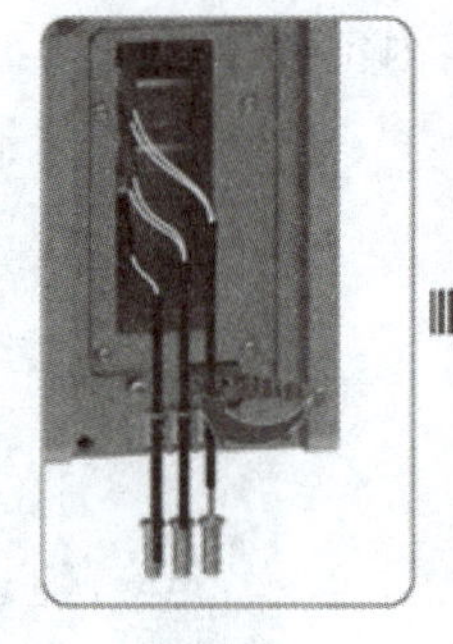
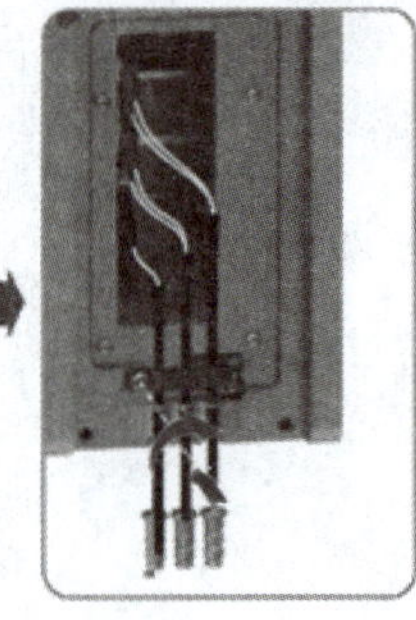

图 3-5-52　压接光纤

(5)安装直流电源线缆

步骤：

①截取线缆，并按要求剥线。直流电源线缆剥线要求如图 3-5-53 所示。

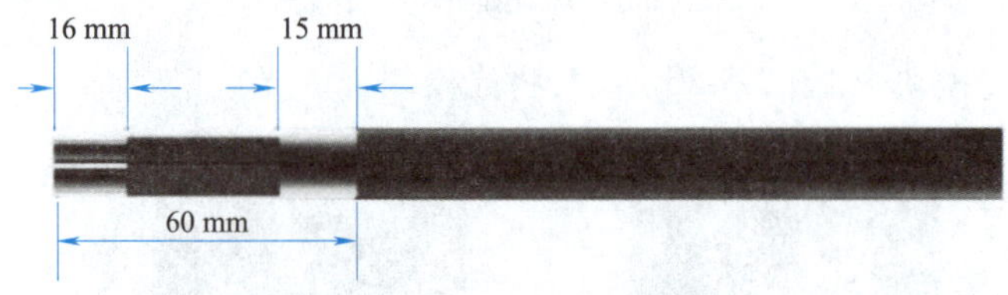

图 3-5-53　直流电源线缆剥线

②剥线完成后，芯线套上管状端子，用专用压接钳压接。

③如图 3-5-54 所示，压下直流连接器卡扣，取出直流电源连接器插头。

④拆除直流电源连接器尾部，松开直流电源连接器尾部紧固螺母，取出密封胶圈，如图 3-5-55所示。

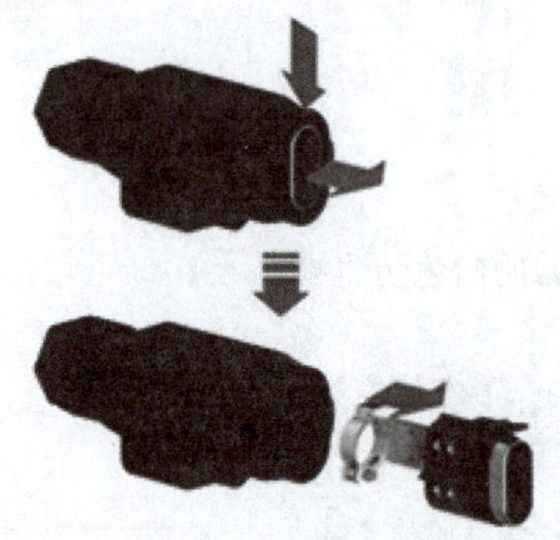

图 3-5-54　取出直流电源连接器插头

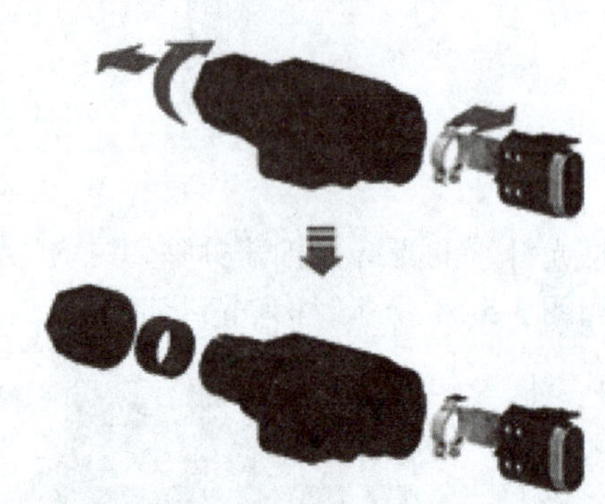

图 3-5-55　拆除直流电源连接器尾部

⑤将电源线缆穿入连接器，如图 3-5-56 所示，将电源线缆依次穿过直流电源连接器的尾部螺母、密封胶圈和外壳。

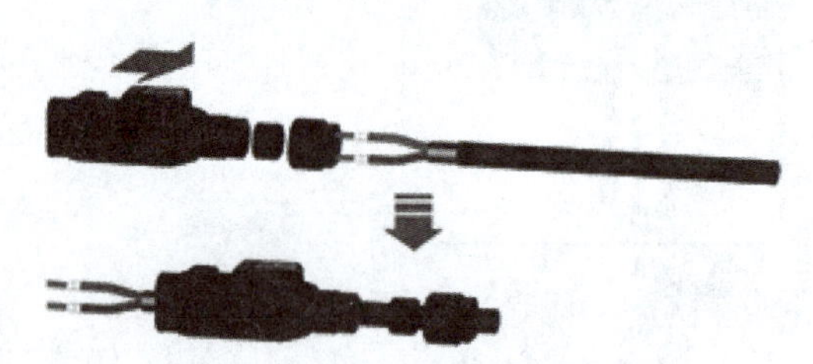

图 3-5-56　将电源线缆穿入连接器

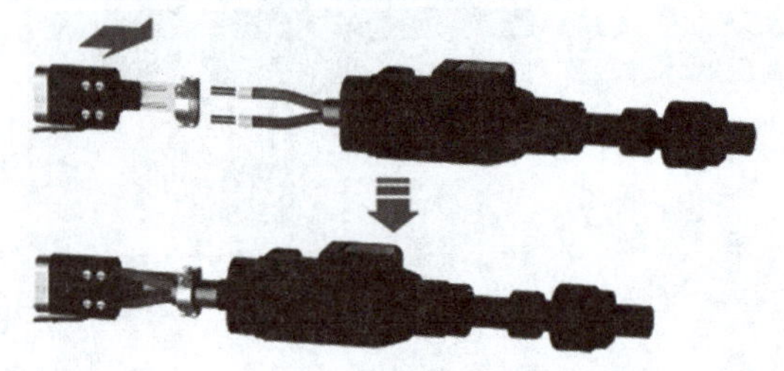

图 3-5-57　将线缆管状端子插入直流电源连接器插头内

⑥将线缆管状端子插入直流电源连接器插头内，松开直流电源连接器插头上的压线螺钉和压线夹螺钉，将蓝色线芯的管状端子插入连接器插头的“1 -”脚，红色或黑色线芯的管状端子插入连接器插头的“2 +”脚，如图 3-5-57 所示。

⑦紧固压线螺钉，如图 3-5-58 所示，紧固压线螺钉和压线夹螺钉，A 处紧固力矩为 3 N · m，B 处紧固力矩为 1.5 N · m，C 处尾部力矩为 1.5 N · m，将直流电源连接器外壳上推至直流电源连接器插头，听到“咔嗒”声音表示装配到位。

⑧卡入密封胶圈，拧紧紧固螺母。如图 3-5-59 所示，将密封胶圈上推卡入直流连接器外壳的压紧锯齿内，拧紧直流电源线缆连接器尾部紧固螺母，直流电源线缆一端制作完成。

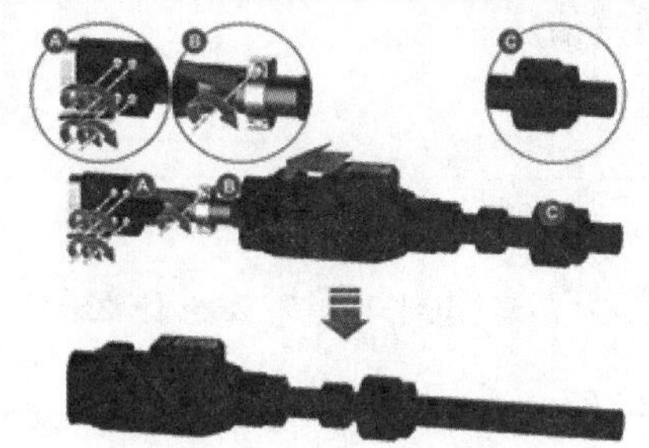

图 3-5-58　紧固压线螺钉

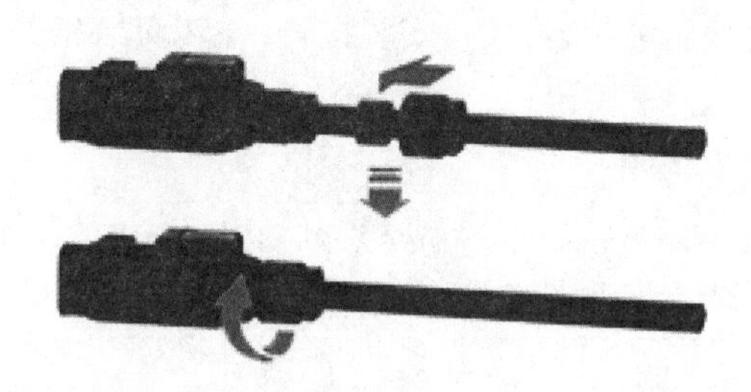

图 3-5-59　卡入密封胶圈，拧紧紧固螺母

⑨将 ZXRAN A9815 PWR 接口保护盖的扳手扳到垂直方向，并退下 PWR 接口保护盖。

⑩电源线缆连接器解锁，如图 3-5-60 所示，向后拨动电源线缆连接器的绿色扳手锁扣，将电源线缆连接器的扳手扳到垂直方向。

⑪插入并锁紧电源线缆，如图 3-5-61 所示，将电源线缆连接器插入 ZXRAN A9815 的 PWR 接口，并扳下扳手，在听到“咔嗒”声时，表示扳手锁紧到位，安装完成。

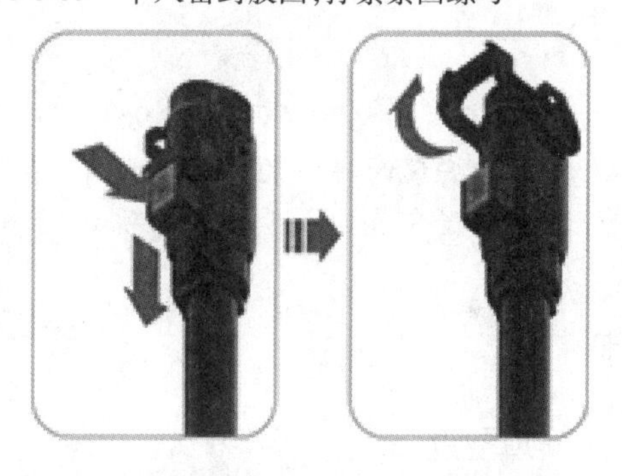

图 3-5-60　电源线缆连接器解锁

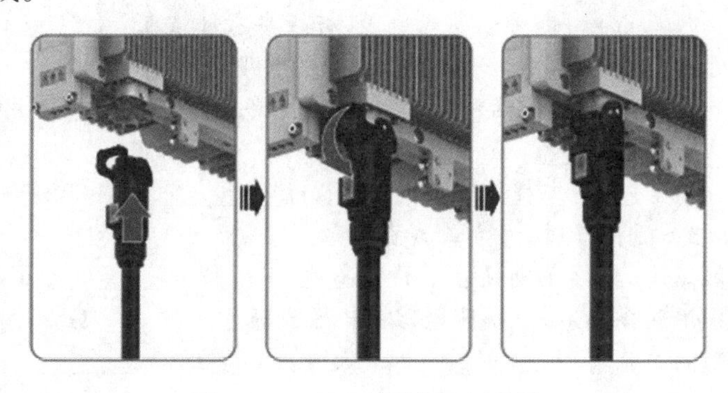

图 3-5-61　插入并锁紧电源线缆

说明：安装电源线缆时需按照上述顺序安装，否则可能会导致卡扣断裂。

⑫将直流电源线缆沿抱杆或走线架缠绕，并用扎带绑扎固定。

⑬将直流电源线缆的另一端连接至供电设备或直流电源转接盒。

⑭在直流电源线缆两端挂上标签，完成直流电源线缆的安装。

4. 收尾工作

(1)安装检查(见表3-5-1)

(2)设备上电

①将供电设备连接到ZXRAN A9815接线盒或防雷箱的空气开关闭合。

②通过指示灯状态判断ZXRAN A9815上电完成。上电流程见图3-5-39。

离开站点前,完成以下收尾工作:

工具整理:将安装用到的工具收回到相应位置。

余料回收:将工程余料回收,并移交给客户。

清理杂物:将安装产生的垃圾清扫干净,保证环境整洁。

完成安装报告:填写安装报告,并转交给相关负责人。

热点话题

从3G开始采用分布式基站BBU+RRU的形式,一直沿用到4G,那么为什么5G要采用AAU?请查阅相关资料,分组讨论。

任务小结

本任务主要介绍了ZXRAN A9611和ZXRAN A9815的安装方法和步骤,学习了AAU的抱杆安装、挂墙安装两种安装方式及步骤,学习了保护地线缆、直流电源线缆等线缆安装方式方法和步骤,介绍了安装完成后检查的项目、上电流程以及最后的收尾工作。

※思考与练习

一、填空题

1. 新立杆应避免________、________等质量问题,另外根据施工地区气候特点,调整杆距,一般立杆档距在________m以内,对于高寒地段,杆距要求每档在________m以下。

2. 光缆预留不宜过长或过短,根据地区特点,一般长度在________。

3. 地锚坑的开挖深度必须满足两种规格的地锚杆要求即________m和________m,开挖深度分别为________m和________m。

4. 工程技术资料通常包括:工程订货合同(副本)、________、设备工程开通工作规程文档、________、网管软件相关随机资料、设备工程资料等。

5. 机房室内最低高度(指梁下或风管下的净高度)不宜低于________m。

6. 当用户机房采用联合接地时,接地电阻应小于或等于________Ω。

7. 开箱验货用到的工具有:撬杠、________、大号一字螺丝刀、________、钉锤,若有条件可以准备________。

8. 开箱验货时当将设备从温度较低,较干燥的地方搬到温度较高,较潮湿的地方时,必须等至少________min再拆封,否则容易导致潮气凝聚在设备表面,损坏设备。

9.《开箱验货报告》由五部分构成:封面、________、设备装箱(验货)清单、________、设备到货证明。

10. −48 V电压的容差范围为________V。

11. 安装 BBU-RRU 级联光纤，需将光模块插入 VBPc5 单板的________接口。

12. 安装电源线时，要将电源线缆的________端插入 VPDc1 单板的________接口。

13. 抱杆的直径应满足________ mm 之间。

14. 保护地线缆选用规格为________ m^2的________色保护地线缆。

15. 安装支架和抱杆安装件的丝印黑色“箭头”标识均为________。

二、判断题

1. (　　) 传输路由要尽量选择直线路由。

2. (　　) 地锚杆出土应符合 10 cm 的规范要求，夹角小于 45°。

3. (　　) 考虑到线路的防雷、安全和维修维护方便，对于基站下面有住户的，应尽量考虑将变压器安装在山下。

4. (　　) 机房装饰材料应采用阻燃材料，可以贴壁纸，也可刷无光漆。

5. (　　) 机房应配备适用的消防器材，如一定数量的手提式干粉灭火器，并确保消防器材设在机房附近明显而又易于取用的位置。

6. (　　) 对材料进行检查时，应做好详细记录，如发现有短缺、受潮或损坏等情况，应及时协调解决。当主要材料需要用其他规格材料代替时，可以直接替代，无需报设计单位和用户批准。

7. (　　) 开箱验货时要求所有参与项目的负责人到达施工现场，按照设备清单逐一清点设备并记录。

8. (　　) 开箱验货时，清点完设备后如果没有问题，要求各方签字确认。

9. (　　) 如暂时不能开工，开箱验货完后应将设备保存至一个干燥的房间内，可以不用重新包装。

10. (　　) 刻度盘安装件可调节角度为 0°～15°。

11. (　　) 黑白扎带不可混用，室外采用白色扎带，扎带尾齐根剪断无尖口；室内采用黑色扎带，扎带尾需剪平并预留 3～5 扣(3～5 mm)余量。

12. (　　) 将电源线缆穿入连接器，要将电源线缆依次穿过直流电源连接器的密封胶圈、尾部螺母、外壳。

13. (　　) 线缆连接时，要求各种线缆走线平直，无明显起伏或歪斜现象，没有交叉和空中飞线现象。线缆转弯满足最小弯曲半径。

14. (　　) 安装 GPS 射频线缆的前提是 GPS 避雷器已经安装到导风插箱内，并且 GPS 射频线缆的 B 端已经安装到避雷器的 SMA 射频接口上。

15. (　　) 安装接地线缆时，不需佩戴防静电手套。

三、简答题

1. (架空) 吊线及光缆的敷设要求是什么？

2. 请画出联合地网的示意图。

3. 简述交流电源引入规范。

4. 硬件安装的通用工具包括哪些？

5. 开始施工前，应对将用于安装施工的电缆、槽道、走线架等主要材料的规格、数量进行清点和检查，确定其满足的要求包括什么？

6. 机房电源检查主要包括哪些方面？

7. 简述开箱验货的注意事项。

8. 简述开箱验货的步骤。

9. 开箱验货工具包括哪些？

10. 离开站点前，需要完成哪些扫尾工作？

11. 简述安装 BBU-RRU 级联光纤的步骤?
12. 安装检查主要包括哪些内容?
13. 简述上倾安装的步骤。
14. 简述安装直流电源线缆的步骤。
15. 请标出下图所示中的 1、2、3、4、5 分别指什么?

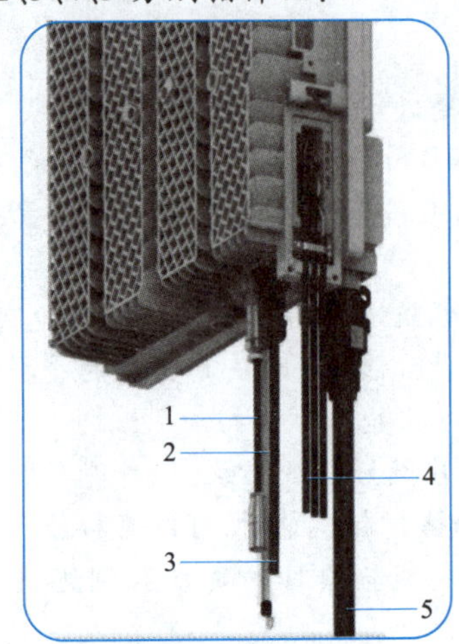

拓展篇

熟悉基站工程验收与维护

引言

基站建设工程完成施工和系统测试后，进入验收环节。在工程竣工之后，运营商、工程服务商以及设备销售方三方将对整个工程进行验收。如何顺利地进行工程验收和维护移交，各方权责如何划分，是要掌握的内容。

对基站进行维护，能确保基站稳定运行，能及时发现问题并妥善解决问题，快速恢复设备的正常运行。基站维护中，基站巡检、例行维护、应急维护流程和注意事项有哪些？基站有哪些典型故障？处理方法有哪些？这些都是本项目要涉及和解决的问题。

学习目标

- 识记：5G 基站工程验收流程。
- 应用：5G 基站工程验收文档。
- 领会：5G 基站日常巡检。
- 领会：5G 基站常见故障处理。

知识体系

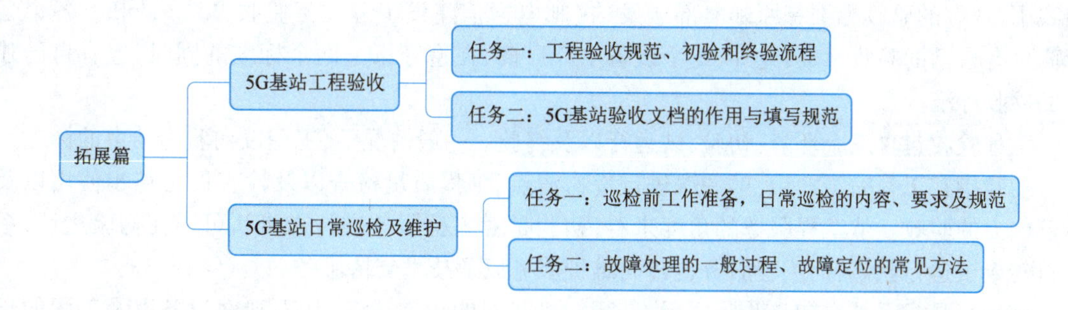

项目四 5G基站工程验收

任务一　了解5G基站工程验收流程

任务描述

本任务主要介绍在工程竣工之后，运营商、工程服务商以及设备销售方三方如何顺利地进行工程验收和维护移交的流程，各方权责如何划分。

任务目标

- 识记：工程验收过程中的各类规范。
- 领会：工程初验和终验流程。
- 应用：工程验收中需要用到的各种要点。

任务实施

在通信工程竣工之后，运营商、工程服务商以及设备销售方三方将对整个工程进行验收。在我国，现有的验收标准有原邮电部颁发的《邮电通信建设工程竣工验收办法》，同时，各个运营商也有自己的验收标准，此外，每个设备生产厂商，在遵守以上两个标准的同时，也有自己独特的验收标准。

工程验收包含三个环节：初验、试运行以及终验。一般情况下，工程以初验为结束的标志。

初验指在工程完工之后，第一次进行货物清点、工程质量检查以及检查设备初步使用以及运营能力的验收。从工程服务的角度来看，初验是对工程服务进行初步认可。在初验之后，系统将转入试运行状态，而工程服务也转向维护服务以及技术支持服务。

试运行是指系统在初步验收之后，进行一段时间的正常运营，从而观察设备以及工程的长期可靠性、故障率等指标。

终验是指在经过一段时间试运行之后，设备输出方、工程服务方与设备购买方共同对设备是否达到相应的性能指标以及满足运营要求进行最终验收。完成终验,标志着整个通信设备已经完成移交,整个项目的合同执行情况已经完成。

图 4-1-1 所示为初验流程图,图 4-1-2 为终验流程图。对流程中各步骤的详细说明如下：

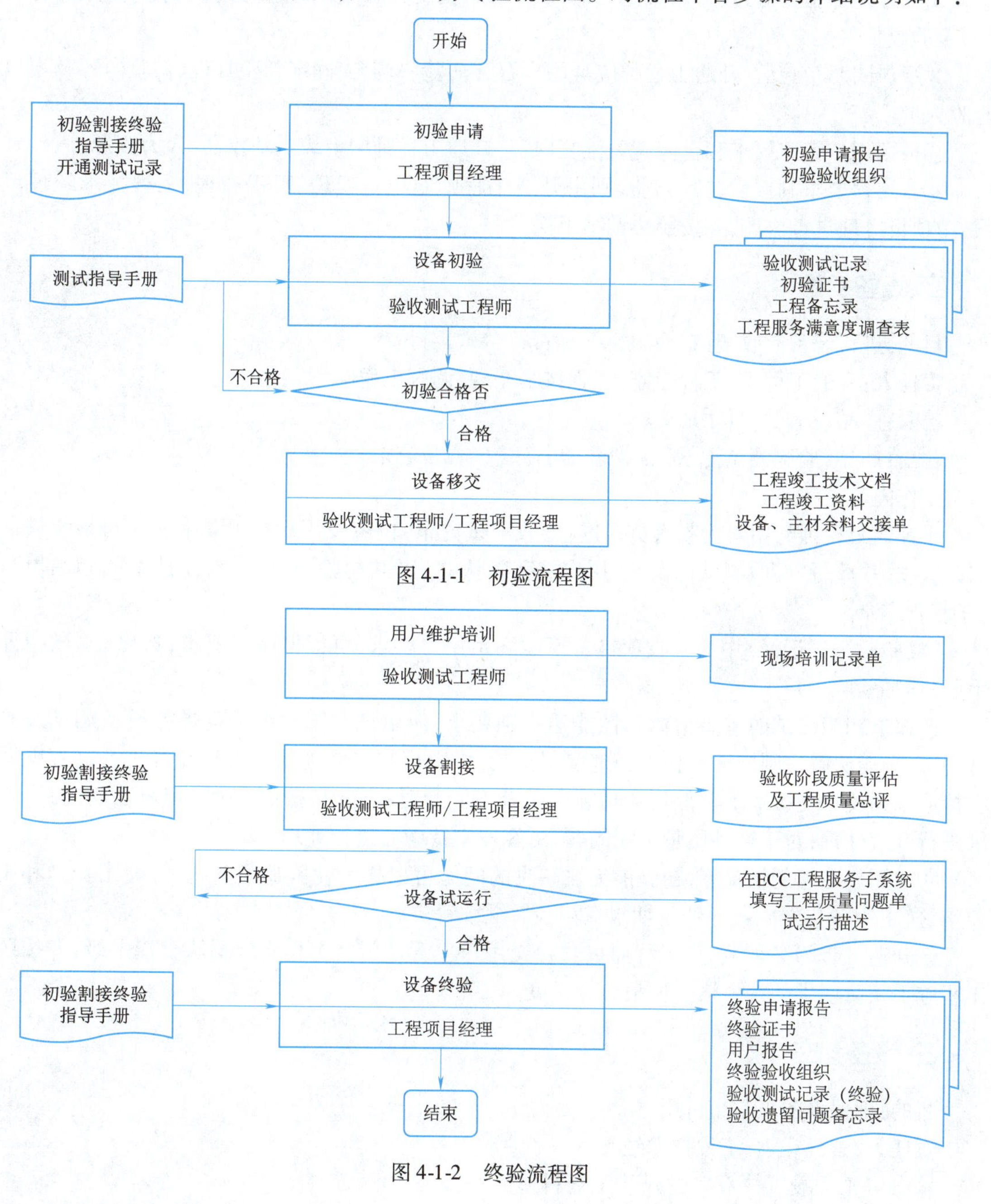

图 4-1-1　初验流程图

图 4-1-2　终验流程图

一、初验申请

目的:提交用户进行设备移交检验。

责任人:开通工程师、项目经理、工程经理、工程技术经理。

输入:产品《验收割接指导手册》、产品《开通测试记录》、产品《安装验收报告》。

输出:《初验申请报告》。

工作内容:

①工程内部验收通过后,由开通工程师向用户提交《开通测试记录》、《初验申请报告》和《安装验收报告》。

②用户同意初验后,开通工程师应与用户召开初验协调会,确定初验日程、初验内容及用户验收人员。

③根据用户特殊要求和合同有关验收内容,开通工程师向上级申请仪器、人力资源等。

④若用户要求割接后进行初验,则由开通工程师向项目经理、工程经理、工程技术经理汇报,由项目经理进行协调,并按照协调结果执行。

二、设备初验

目的:进行设备验收测试,检验设备是否符合试运行要求。

责任人:开通工程师、工程专家、工程技术经理、调测工程师。

输入:产品《测试指导手册》。

输出:产品《验收测试记录》、《初验证书》、《工程备忘录》。

工作内容:

①开通工程师与用户验收人员根据《验收测试记录》内容及用户有关要求逐一对系统进行测试验收,并填写《验收测试记录》。用户签字确认并出具《初验证书》。对于遗留问题须填写《工程备忘录》。

②《验收测试记录》中的验收项目若不能满足用户要求,可根据用户要求,参照《测试指导手册》增加验收项目。

③如果初验测试的主要指标和性能达不到要求,应由调测工程师负责进行设备调试及测试;若现场无法解决则向工程技术经理申请支援,由工程技术经理选派工程专家进行远程电话支持或现场技术支援。不能得到及时响应或者不能及时处理时,按照"工程问题处理机制"要求进行升级处理;对于产品质量性能问题,由客户支持中心进行处理。

④在用户同意的情况下,初验前无法解决的问题可以作为初验遗留问题,开通工程师和用户签署《工程备忘录》,按照约定期限在初验后继续解决。

⑤开通工程师必须填写《工程周报》,提交用户主管部门及工程实施团队直接上级,并按照工程施工团队要求的统一格式上报验收进度。

三、设备移交

目的:确保设备正常交付用户。

责任人:工程经理、工程技术经理。

输出:《工程竣工技术文档》《竣工资料》。

工作内容:

①在初验测试合格后,开通工程师同用户进行工程移交。

②开通工程师根据各产品《工程竣工技术文档》,对工程督导及调测工程师制作的工程竣工技术资料进行审核修订,完成《工程竣工技术文档》,交售后服务处归档。

③开通工程师根据用户对竣工资料的要求,在《工程竣工技术文档》、《工程设计文件》和工

程中形成的管理文档的基础上，编制适合不同的运营商的《竣工资料》，作为验收资料。

④开通完成后，由工程经理向客户支持经理移交相关工作、《工程竣工技术文档》和遗留问题。

⑤开通工程师将设备及《竣工资料》移交给用户。

四、用户现场培训

目的：督促并加快用户掌握设备原理和设备的操作维护方法。

责任人：开通工程师。

输入：《现场培训指导手册》。

输出：《现场培训记录单》。

工作内容：

①设备割接前，开通工程师根据《现场培训指导手册》内容对用户技术人员进行系统运转及维护现场培训，使用户维护人员基本了解设备硬件结构、操作维护方法和操作注意事项，能处理设备一般问题。

②培训结束后填写《现场培训记录单》。

五、设备割接

目的：确保设备顺利交付使用。

责任人：开通工程师、工程技术经理。

输入：《验收割接终验指导手册》、割接工作计划（格式自拟）。

输出：《工程周报》《工程质量总评》。

工作内容：

①设备割接在初验通过后进行，由工程技术经理配合用户制订割接方案，进行设备割接。若用户要求割接后进行初验，由开通工程师向项目经理、工程经理、工程技术经理汇报，由项目经理进行协调，并按照协调结果执行。

②割接方案应明确双方的责任人及分工，确保设备顺利割接。

③设备割接前，必须进行割接准备工作，并为维护管理做好必要的准备。

④技术经理对本次设备开通进行工作总结，输出割接工作总结。

⑤技术经理与售后服务处设备档案管理员进行相关资料及电子文档移交。

⑥开通工程师必须填写《工程周报》，提交用户主管部门及工程实施团队直接上级，并按照工程施工团队要求的统一格式上报施工进度。

热点话题

5G 基站工程的验收包括许多环节，你认为哪个环节最重要？

任务小结

5G 基站是 5G 网络的一个重要组成部分，可实现 5G 网络的高带宽、低时延、大连接。本任务主要介绍了 5G 基站工程验收的流程及具体步骤。

任务二　填写5G基站工程验收文档

任务描述

5G基站工程验收文档用于记录验收过程中的各项交割过程，对工程项目的验收起到了重要的作用。本任务学习理解这些文档的填写以及作用。

任务目标

- 识记：认识5G基站验收中的各类验收文档。
- 领会：5G基站验收中各类验收文档的作用。
- 应用：5G基站验收过程中各类验收文档的填写。

任务实施

一、输入文档

输入文档主要包括：《初验申请报告》、《初验证书》、《初验验收组织》、《试运行描述》等。各文档模板如下：

1. 初验申请报告

初验申请报告

__________________：

贵方所订购的××公司的____________设备，（合同号：________________）于______年______月______日到货，______年______月______日开始安装，经双方工程技术人员的紧张安装和严格系统调试和测试，于______年______月______日安装测试完毕，已具备初验的条件，请贵方组织相关单位对设备进行初验并安排割接方案。

特此申请！

××公司代表（签名）：

日期：　　年　　月　　日

此表在工程内部验收通过后，由开通工程师向用户提交。用户同意初验后，开通工程师应与用户召开初验协调会，确定初验日程、初验内容及用户验收人员。根据用户特殊要求和合同有关验收内容，开通工程师向上级申请仪器、人力资源等。若用户要求割接后进行初验，则由开通工程师向项目经理、工程经理、工程技术经理汇报，由项目经理进行协调，并按照协调结果执行。

2. 初验证书

<table>
<tr><td colspan="2">初验证书</td></tr>
<tr><td colspan="2">项目名称：</td></tr>
<tr><td>甲　　方：××公司</td><td>乙　　方：××公司</td></tr>
<tr><td>甲方合同编号：</td><td>乙方合同编号：</td></tr>
<tr><td colspan="2">设置类型及容量：</td></tr>
<tr><td colspan="2">上述合同于＿＿年＿＿月＿＿日通过初验测试并投入系统试运行。自初验之日起，该设备试运行＿＿个月后进行设备终验。
用户签名、盖章：＿＿（手写、盖章）　　用户签名、盖章：＿＿（手写、盖章）
日期：　年　月　日（手写）　　日期：　年　月　日（手写）</td></tr>
</table>

此表在初验通过之后，由参与验收项目经理、工程经理、工程技术经理等出具证明，证明该设备初验测试通过，可以投入系统试运行。开通工程师与用户验收人员根据验收测试记录及用户有关要求逐一对系统进行测试验收，用户签字确认并出具《初验证书》。对于遗留问题可签订填写《工程备忘录》。

3. 初验验收组织

初验验收组织

销售合同号：

项目名称：

施工单位名称：

序号	单位	姓名	职务	备注

建设单位代表（签名）：　　　日　期：

施工单位代表（签名）：　　　日　期：

监理单位代表（签名）：　　　日　期：

参与初验的人员包括来自建设单位、施工单位、监理单位，责任人包括开通工程师、工程专家、工程技术经理、调测工程师等，这些参与验收项目的人员均应记录在《初验验收组织》表中，并且三方单位均应派出代表签字确认。

4. 试运行描述

试运行描述

销售合同号：＿＿＿＿＿＿＿＿＿＿

项目名称：＿＿＿＿＿＿＿＿＿＿＿

施工单位名称：＿＿＿＿＿＿＿＿＿

设备名称和型号		试运行日期	××年×月×日
试运行简述：××系统自投入运行以来，系统运行正常，系统完整良好，符合国家标准要求。			
建设单位（盖章）： 建设单位负责人：＊＊＊（手写） （签　名） 日　期：××年×月×日（手写） 监理公司（盖章）： 监理公司代表：（签　名） 日　　期：		供货商（盖章）： 供货单位负责人：＊＊＊（手写） （签　名） 日　期：××年×月×日（手写）	

初验通过的项目将会投入到试运行中，进行一段时间的正常运营，从而观察设备以及工程的长期可靠性、故障率等指标。在此期间，应对系统和设备的各项指标进行记录，经过初验证书上写明的试运行期结束后填写此表，并连同终验申请一起提交。

二、输出文档

输出文档主要包括：《工程服务满意度调查表》、《验收测试记录（终验）》、《工程备忘录》、《工程竣工技术文档》、《设备、主材余料交接单》、《工程竣工资料》、《现场培训记录单》、《验收阶段质量评估及工程质量总评》、《终验申请报告》、《终验验收组织》、《验收遗留问题备忘录》、《终验证书》、《用户报告》、《工程总结报告》等。各文档模板如下：

1. 工程服务满意度调查表

工程服务满意度调查表

项目名称						
客户名称		联系方式		设备类型		
销售合同号		外包合同号		外包界面		
办事处		工程公司		完工日期		
评定内容	评定结果					得分
1. 工程服务质量总体评价	□很满意	□满意	□较满意	□一般	□不满意	
	(10 分)	(8 分)	(7 分)	(6 分)	(0 分)	
2. 组织管理						
2.1 工程开工前准备情况	□很满意	□满意	□较满意	□一般	□不满意	
	(10 分)	(8 分)	(7 分)	(6 分)	(0 分)	
2.2 工程施工方案的合理性	□很满意	□满意	□较满意	□一般	□不满意	
	(10 分)	(8 分)	(7 分)	(6 分)	(0 分)	
2.3 工程周报提交及时性	□很满意	□满意	□较满意	□一般	□不满意	
	(10 分)	(8 分)	(7 分)	(6 分)	(0 分)	
2.4 工程现场组织管理情况	□很满意	□满意	□较满意	□一般	□不满意	
	(10 分)	(8 分)	(7 分)	(6 分)	(0 分)	
3. 服务质量						
3.1 硬件安装质量	□很满意	□满意	□较满意	□一般	□不满意	
	(10 分)	(8 分)	(7 分)	(6 分)	(0 分)	
3.2 设备调试质量	□很满意	□满意	□较满意	□一般	□不满意	
	(10 分)	(8 分)	(7 分)	(6 分)	(0 分)	
3.3 竣工资料质量	□很满意	□满意	□较满意	□一般	□不满意	
	(10 分)	(8 分)	(7 分)	(6 分)	(0 分)	
3.4 现场培训质量	□很满意	□满意	□较满意	□一般	□不满意	
	(10 分)	(8 分)	(7 分)	(6 分)	(0 分)	
4. 人员素质						
4.1 安装工程师的技术水平	□很满意	□满意	□较满意	□一般	□不满意	
	(10 分)	(8 分)	(7 分)	(6 分)	(0 分)	
4.2 调试工程师的技术水平	□很满意	□满意	□较满意	□一般	□不满意	
	(10 分)	(8 分)	(7 分)	(6 分)	(0 分)	
4.3 工程师行为规范和安全操作规范	□很满意	□满意	□较满意	□一般	□不满意	
	(10 分)	(8 分)	(7 分)	(6 分)	(0 分)	
4.4 工程师沟通主动性和服务态度	□很满意	□满意	□较满意	□一般	□不满意	
	(10 分)	(8 分)	(7 分)	(6 分)	(0 分)	

你对本公司的产品和服务还有什么意见和建议？   用户签名(盖章)：
说明： 用户评定人员可以在备选项前打钩，也可以直接在得分栏填写分数。

此表是工程结束后由乙方发送给甲方填写，用于帮助乙方改进工作，更好地为客户提供服务，此表一般可通过传真、邮寄、电子邮件等多种方式反馈给乙方项目部或总部。

2. 工程备忘录

工程备忘录

项目名称		合同号	
设备名称		机　型	
序　号	问题描述及影响	解决建议	

用户签名、盖章：　　　　××公司代表签名、盖章：

日　期：　年　月　日(手写)　　　　日　期：　年　月　日(手写)

在初验过程中，在用户同意的情况下，初验前无法解决且对系统和设备运行影响不大的问题可以作为初验遗留问题，开通工程师和用户签署《工程备忘录》，按照约定期限在初验后继续解决。

3. 设备、主材余料交接单

设备、主材余料交接单

销售合同号：______

项目名称：______

施工单位名称：______

序号	设备、材料、工具、资料名称及型号	单位	数量	备注

施工单位点交人（签名）：______　日　期：______

监理单位点验人（签名）：______　日　期：______

建设单位点验人（签名）：______　日　期：______

项目施工过程中可能会出现利旧设备、剩余耗材等物料，项目施工完成后，应对相关设备、主材余料进行清点，并进行交接明确填写项目名称、产品数量，双方核对无误后签名确认，交接单各保留一份作为凭证。

4. 现场培训记录单

现场培训记录单

项目名称			合同号	
授 课 人			日　期	
设备类型			机　型	
授课内容			学　时	
培训人员	性 别	所属部门	对设备掌握程度	
			好 □ 较好 □ 一般 □ 较差 □ 差 □	
			好 □ 较好 □ 一般 □ 较差 □ 差 □	
			好 □ 较好 □ 一般 □ 较差 □ 差 □	
			好 □ 较好 □ 一般 □ 较差 □ 差 □	
			好 □ 较好 □ 一般 □ 较差 □ 差 □	
			好 □ 较好 □ 一般 □ 较差 □ 差 □	
			好 □ 较好 □ 一般 □ 较差 □ 差 □	
			好 □ 较好 □ 一般 □ 较差 □ 差 □	
			好 □ 较好 □ 一般 □ 较差 □ 差 □	
			好 □ 较好 □ 一般 □ 较差 □ 差 □	
用户培训意见	请对培训使用的培训资料、培训组织方式、培训效果提出宝贵意见和建议： （此处手写） 用户代表签名：×××（此处手写） 日　　期：××年×月×日（此处手写）			

此表用于用户现场培训环节，目的是督促并加快用户掌握设备原理和设备的操作维护方法，由开通工程师负责。设备割接前，开通工程师根据《现场培训指导手册》内容对用户技术人员进行系统运转及维护现场培训，使用户维护人员基本了解设备硬件结构、操作维护方法和操作注意事项，能处理设备一般问题，培训结束后填写《现场培训记录单》。

5. 验收遗留问题备忘录

验收遗留问题备忘录

销售合同号:____

项目名称:____

施工单位名称:______________________________________

设备名称		型号	
遗留问题:			
建设单位工程负责人(签名):____________________ 日　期:____________________ 供货商项目负责人(签名):____________________ 日　期:____________________			
建设单位(盖章): 建设单位负责人:* * *(手写) 日　期:××年×月×日(手写) 监理公司(盖章): 监理公司代表:(签　名) 日　期:		供货商(盖章): 供货单位负责人:* * *(手写) 日　期:××年×月×日(手写)	

在终验完成后,在用户同意的情况下,终验前无法解决且对系统和设备运行影响不大的问题可以作为验收遗留问题,开通工程师和用户签署《验收遗留问题备忘录》,按照约定期限在验收后继续解决。

6. 终验证书

终验证书

项目名称:____	
甲　方:________________________	乙　方:________________________
甲方合同编号:____________________	乙方合同编号:____________________
设置类型及容量:	
上述合同经过测试,符合合同要求的功能和指标,于________年________月________日通过最终验收。	
用户签名、盖章: 日　期:	乙方代表签名、盖章: 日　期:

此表在终验通过之后，由参与验收项目经理、工程经理、工程技术经理等出具证明，证明该设备终验测试通过，可以完全割接。

7. 用户报告

用户报告

用户单位		合 同 号	
设备类型		容　　量	
开工日期		初验日期	
组网方式			
功能特点			
运行情况			
结　　论	用户签名(盖章)： 日期：		

此表用于工程结束后乙方对该项目的记录，熟悉和了解客户的业务种类和需求，方便日后加强合作。

8. 工程总结报告

工程总结报告			
项目名称		合同号	
施工地点		工程督导	
开工日期		完工日期	
工 程 总 结		备 注	
工程勘察报告是否正确	是□　否□	不正确之处：	
工程设计文件是否正确	是□　否□	不正确之处：	
货物是否按期到达	是□　否□	迟到________天	
货物是否有缺货、错货的现象	是□　否□	原因：1. 勘察有误　2. 合同有误 3. 发货有误　4. 其他	
工程中是否有窝工现象	是□　否□	原因：1. 勘察有误　2. 局方未准备好 3. 货物有问题　4. 工程计划周期短 5. 设备问题　6. 其他	
是否已通过初验	是□　否□	未通过验收的原因：	
工程总结及遗留问题			
所遇技术问题及解决方法			
技术方面有何困难和要求			

此表是对整个工程项目的总结归档管理，记录工程勘察、工程设计、以及施工全过程的内容，帮助总结过程中的差错及困难，方便项目团队总结经验教训，方便各单位开展考核评价。

任务小结

熟悉各类文档的填报、记录、整理才能对整个工程项目进行规范的管理。本任务主要介绍5G 基站工程验收过程中的各类文档填写，供大家参考。

※思考与练习

一、填空题

1. 工程验收包含三个环节：________、________、________。一般情况下，工程以初验为结束的标志。

2. 一般情况下，工程以________为结束的标志。

3. 在通信工程竣工之后，________、________、________三方将对整个工程进行验收。

4. 在我国，现有的验收标准有原邮电部颁发的________，同时，各个运营商也有自己的验收标准，此外，每个设备生产厂商，在遵守以上两个标准的同时，也有自己独特的验收标准。

5. 试运行是指系统在初步验收之后，进行一段时间的正常运营，从而观察设备以及工程的________、________等指标。

二、简答题

1. 基站验收输入文档有哪些？
2. 基站验收输出文档有哪些？
3. 基站验收由哪几个环节构成？
4. 简述基站初验验收流程。
5. 简述基站终验验收流程。
6. 初验申请的责任人有哪些？
7. 设备初验的输出文档有哪些？
8. 设备移交的目的是什么？
9. 用户现场培训的责任人有哪些？
10. 设备割接的输出文档有哪些？

项目五 5G基站日常巡检及维护

任务一 5G基站日常巡检

任务描述

巡检是定期执行的操作或任务，它可以按日、按月、按季、按年来进行。定期巡检有利于及时发现设备的异常情况，协助我们立即采取措施处理问题，从而减少设备的故障发生，确保设备的稳定运行。

巡检是巡视，更是检查。

任务目标

- 领会：巡检前工作准备。
- 识记：日常巡检的内容、要求及规范。
- 领会：完成日常巡检的主要项目。

任务实施

一、5G基站巡检前工作准备

①做好巡检工作所需要材料、资料（《出入基站登记表》、《基站巡检表》）、工具（视实际情况而定）；基站钥匙（做好钥匙使用登记）、万用表、电烙铁、扳手、老虎钳、尖嘴钳、斜口钳、螺丝刀、标签、抹布、绝缘和防水胶带、数字照相机、小毛刷、防水胶泥等。

②穿好工作服、戴好工作牌、带好身份证，部分基站还需要开具相关证明。

二、基站日常巡检要求及规范

基站日常巡检工作能够及时地了解设备的运行情况，对存在安全隐患的设备能够及时地进行处理，具体的检查范围包括基站主设备、基站交直流配电设备、基站蓄电池、基站空调、基站动力环境监控设备、基站传输设备、基站天馈线系统、基站机房安全设施。检查项目包括工作电压、工作电流、有无告警、运转情况、设备连线情况、环境卫生，以及基站所存在的各种安全隐患。

基站的日常维护按照维护周期要求分为：月度巡检、季度巡检、半年度巡检、年度巡检。

下面，介绍5G基站的日常巡检项目。

（一）基站主设备

基站主设备包括：无线设备、机架及内部所包含的设备和电缆。

1. 月度巡检内容

①检查基站设备是否正常运行，设备供电是否正常，设备是否有告警（若有，必须马上处理）。

②检查外围告警是否接触良好，并测试所有告警。

③检查各连线状态，如电源、信号、射频、地线是否分开，机架内各连线是否接触良好并正确无误。

④检查各类标签是否正确（包括套线标签）、是否脱落，发现问题立刻处理。

⑤收集基站设备资料。

⑥每月在基站的覆盖范围内，用测试手机测试该站的每个小区，逐个检查该基站每个小区的通话质量。

⑦对维护中发现有问题的基站天馈线、主设备进行更换和调整工作。

2. 年度巡检内容

①天馈线驻波比检查。每半年用驻波比测试仪测量天馈线的驻波比，检查其是否符合要求。要求记录测试频段内最大的驻波比和所在频率。对不符合要求的天馈线，由代维方进行处理。

②基站载频发射功率检查。每半年使用功率计测量基站载频发射功率。基站调整发射功率，要求值要以工程竣工调试记录为准。若因网优需要调整过，则以调整记录为准，必须保证同一扇区间的载频发射功率一致。如发现某基站发射功率有变更或存在不当之处，应及时通知相关部门，经同意后再做相应的处理。

3. 基站设备测试要求

①对基站进行调试（需要中断小区时）前必须提出申请，并按照操作规范填写工作单或停电申请单。应选择在基站闲时、话务量少的情况下，在短时间内轮流停小区或关闭载频进行调试。具体实施前应通知相关部门监控机房。

②因维护需要中断基站的操作，必须事先向相关部门提交书面申请，经批准后实施。具体实施前应通知相关部门监控机房。

（二）基站交直流配电设备

基站交直流配电系统为整个基站提供电能，如果交直流系统出现故障将导致整个基站退服。

日常巡检时主要测量动力引入三相交流电压、开关电源三相四相电流、中性线电流、直流输出电压、直流输出电流等；导线、熔断器有无过热现象、关开电源有无告警、一次下电二次下电电压、蓄电池组参数是否正确等；中性线、地线连接是否正确，接地线可靠，接地电阻小于5 Ω，交流配电箱空气开关及电缆连接良好，不存在安全隐患。

交流配电箱内防雷器无损坏,防雷空开合上,浮充电压和负载电流正常,交流配电屏指示灯、告警信号正常。

交流电压供电回路的接点、空气开关、熔丝、闸刀等有无温度过高现象。变压器是否有漏油现象,跌落式开关是否良好。

(三)基站蓄电池

基站蓄电池主要是在市电中断的情况下在短时期内为基站主设备提供电能。如果蓄电池性能减退时不能为主设备提供足够的电能,在发电不及时的情况下直接导致退服,所以在日常巡检时要注意以下几点:

① 检查连接处有无松动、腐蚀现象。

② 检查电池壳体有无渗漏和变形。

③ 检查极柱、安全阀周围是否有酸雾酸液溢出。

④ 测量蓄电池组端电压。

(四)基站空调

基站主设备和蓄电池对环境温度要求都很高,温度过高或过低都直接导致基站退服,而且高温对蓄电池的使用寿命也有致命的影响。根据维护经验,基站因空调故障导致退服占退服总数的25% ,所以应对基站空调的维护给予重视。日常巡检时主要包括以下内容:

1. 月度巡检内容

(1)室内机部分

① 清洗滤网,要求没有积尘。

② 清洗回风口,清洁空调机身和风机转动部件,要求无灰尘、油污。

③ 检查空调的送、回风口,要保持空气循环的畅通,要求空调机的送、回风口温差大于8 ℃,且送、回风口前0.5 m内不能有任何物件阻挡。

④ 检查控制面板功能是否正常。

⑤ 检查设定温度是否合理,应在保证主设备工作正常的前提下,本着节电的原则进行温度设置。

(2)室外机部分

① 检查室内机与室外机连接铜管的穿墙孔的密封是否良好。

② 检查冷媒管道保温层,要求冷媒管道的保温层完好无损。

③ 检查支架、护网、主机的牢固情况,要求无安全隐患。

(3)空调电源部分

① 检查空调设备用电部分的标签是否正确。

② 检查空调电源线有无发热、破损及老化等现象。

③ 检查空调的运行工作电流、电压是否正常,要求其运行工作电流测量数据与空调设备额定电流相符。电压波动范围为(380 ±38)V(三相)或(220 ±22)V(单相)为正常。

④ 检测来电自启动功能。

(4)其他检查

检查异常噪声及滴水,要求噪声不扰民,滴水正常。

2. 季度巡检内容

①检查空调设备的保护接地情况。

②检查空调设备部件老化情况。

③用高压水枪冲洗室外机。

④检测高温告警是否正常,并检查室内机、室外机风扇是否损坏。

⑤检查空调专用电源线线径是否与空调匹配,空调专用电源开关容量是否合理。

⑥换季不用时,清扫滤清器,以免灰尘堆积影响下次使用;拔掉电源插头,以防意外损坏。干燥机体,以保持机内干燥;为室外机罩上保护罩,以免风吹、日晒、雨淋。

⑦重新使用时,检查滤清器是否清洁,并确认已装上;取下室外机的保护罩,移走遮挡物体。冲洗室外机散热片;试机检查运行是否正常。

(五)基站动力环境监控设备

监控设备负责采集基站设备的电流、电压、温度、烟感、水浸等信息量,及时地反馈给监控,做到早发现早处理。日常巡检时重点检查,各传感器是否正常,可以人为产生告警,检查告警能否正常上传,并和机房校对数据。

(1)巡检机房环境

检查方法:维护人员通过观察机房通道、照明、消防器材等设施。

正常结果:

①机房关键通道顺畅,未加装水、气管道。

②三种照明设施(常用、保证和事故)正常。

③消防器材齐全。

④地板铺设未有损坏,且支柱接地良好。

⑤房间之间及对外的孔洞、线缆通道的缝隙封闭良好,且封闭材料未有变形和断裂。

⑥线缆沟槽有防潮措施,电缆保护层未有霉变。

异常处理:当机房环境不满足要求时,立即通知相关部门处理。

(2)巡检机房温度

仪表要求:温度计或网管服务器。

检查方法:维护人员通过机房内安装的温度计查看温度数据,或通过网管服务器采集温度数据并作记录。

正常结果:工作范围:0 ℃ ~ 45 ℃。

异常处理:建议安装机房空调,以满足设备长期稳定工作的温度要求,当测试结果不正常或参数超出范围时,通过空调调节温度。

(3)巡检机房湿度

仪表要求:湿度计或网管服务器。

检查方法:维护人员通过机房内安装的湿度计查看湿度数据,或通过网管服务器采集湿度数据并作记录。

正常结果:

①长期运行范围:5% ~85% (30 ℃)

②短期运行范围:5% ~95% (72 h)

异常处理:在湿度严重不合格的地区,建议安装相应湿度调节设备。

注意事项:

①对于南方湿度较大的地区建议配备防潮设备。

②对于北方湿度较低的地区建议采用防静电地面。

(4)巡检机房清洁度

检查方法:观察机柜内部及表面清洁情况。

正常结果:机柜清洁良好,无积灰,无明显污渍和异物。

异常处理:

①佩戴防静电手套。

②使用无水酒精清洁机柜表面污渍,注意不要污染到内部板卡和元器件。

③将侧面和柜底防尘网拆下,用中性洗涤液清洗,并彻底干燥。

④检查机柜内部是否存留有异物并及时去除。

⑤如遇到不能自行处理的问题,应及时上报检修。

(5)巡检防尘措施

检查方法:观察机房灰尘。

正常结果:灰尘(直径 $>5\ \mu m$)的浓度 $\leqslant 3\times10^4$ 粒/m^3,无导电性、导磁性和腐蚀性灰尘。

异常处理:

①机房门窗边缘加装防尘密封橡胶条。

②采用双层玻璃密封窗户。

③通过更换工作装、鞋等措施来减少灰尘进入机房。

④机房内及周围保证不存在强磁、强电或强腐蚀性物体,以免产生有害粉尘。

⑤使用吸尘器处理地面灰尘。

注意事项:

①由于在实际日常维护过程中,主要通过维护人员肉眼观察,应保证设备不积灰、不污染。

②设备安装在有人值守机房时,维护人员应该每日检查防尘措施是否落实。设备安装在无人值守机房时,维护人员应该每月检查一次防尘措施是否落实。

(6)巡检电源电压

仪表要求:万用表或网管服务器。

检查方法:通过万用表测量输入电源的交、直流电压,或通过网管服务器采集电源电压数据并记录。

正常结果:

交流电压范围:100 V ~ 240 V。

直流电压范围:−57.6 V ~ −40 V(标称电压:−48 V)。

异常处理:当测试结果不正常或参数超出范围时,应及时检查输入电源电压。

(7)巡检电源线和地线

检查方法:检查电源线、地线连接是否牢固,是否有锈蚀。

正常结果:电源线、地线连接牢固,无锈蚀。

异常处理:当电源线、地线连接有问题,请立即重新连接或更换。

注意事项:

①由于各机柜直接与外部线缆相连,为防止异常电压、电流通过外部线缆串入而烧毁设备,

严禁将配线架地同工作地、保护地连接到一起。

②220 V 市电在直接接入一次电源前，必须增加相应防雷装置。

(六)基站传输设备

传输设备也是重点检查项目之一，日常巡检检查设备有无告警，如果有告警要各机房进行确认，并及时的进行处理。清理设备防尘网、光缆、传输线、光纤、接地线走线整齐、捆绑有序、标签完好、有效、防静电手环可用等。

(七)基站天馈线系统

检测天线馈线是否无松动、接地是否良好、标签有无脱落、分集接收和驻波比是否在正常数值范围内，对超出范围值的天馈系统要进行及时的处理。

1. 月度巡检内容

①检查天馈线是否有破损或移位(被风刮歪、刮倒等)；检查支撑杆或横杆是否牢固，有无断裂弯折；检查各类标签是否完好。

②检查避雷针状态，所有室外设施应在其45°保护角内。

③检查室外走线架、走线梯、避雷针及铁塔等是否牢固，发现问题及时修补(如紧固螺栓)并作好防锈处理。

④检查天面、馈线孔等防水情况，如有渗水应及时处理。

⑤检查馈线接头、避雷接地线，更换老化或变质的防水胶布、胶泥。

⑥在台风、雷暴等特殊天气之后，要及时进行上述检查。

⑦收集与核对天馈线资料；

⑧每月将有关故障处理报告、检查记录表格、天馈线现状、天馈线调整记录及相应电子文件汇总送相关部门。

2. 半年巡检内容

①对天馈线进行测试，用 SiteMaster 测量长度特性、驻波比，并保存驻波比图。

②测量天馈线的隔离度。

③测量天馈线的方位角、下倾角，作好记录，并与上次测量结果作比较。检查周围环境是否发生变化，辐射方向是否出现大型阻挡物等。

(八)基站机房安全设施

基站周围无杂草、易燃物、楼面/墙体无开裂、门窗无破损、钥匙可用、防盗设施完整可用、基站地面无渗漏、塌陷、地漏或空调排水顺畅、洞孔封堵严密，照明、灭火设备可用。对地网设施被损、线缆布线凌乱、接头松动，电源线过载发热、标志标签不全或脱落的进行整改。

三、5G 基站巡检后续工作

以上的各项测量数据要认真地做好相应的记录，并编辑成数据库，可定期进行分析，及时侦测故障，做到防患于未然。完成巡检任务后，需记录巡检结果或填写巡检报告。对于有异常的问题，应及时处理和整改。

(一)巡检记录

①每月填写一次月度巡检记录，按要求填写。

②季度、半年、年度巡检记录不能遗漏。

（二）出入记录

所有基站施工人员（包括项目施工人员、基站综合维护人员等其他人员）进出基站都必须严格填写基站出入登记，包括进站人员、所属单位、进站时间、离站时间以及进站事由等。

（三）故障处理记录

根据故障处理要求，记录故障处理过程及恢复时间。

（四）资料核对

①巡检中应该注意设备变更、标签的粘贴、更新。

②对于固定资产方面，需带上打印版固定资产资料，对基站的设备进行检查，有变动或添加的需做响应的标记，并一起汇总。

③每月巡检根据基站基础信息表对基站的每一个资源设备进行核对，包括机房内设备厂家及型号，天馈线的方位角、挂高、下倾角。

④对于没有贴标签的固定资产进行记录，要求填写以下信息：基站名、设备厂家、设备型号、数量。

⑤对于基站基础信息表里有的，但是基站上没有的资源，应联系相关人员确认。

热点话题

随着无人机的应用普及，无人机+基站巡检被提出，请分组讨论无人机+基站巡检的优点和不足。

任务小结

5G基站是5G网络的一个重要组成部分，可实现5G网络的高带宽、低时延、大连接。本任务主要介绍了5G基站日常巡检所需的准备工作，5G基站日常巡检的要求和规范以及5G基站日常巡检后续工作，为基站日常巡检提供参考。

任务二　5G基站常见故障处理

任务描述

基站对移动通信系统的稳定运行起到基础和保障作用，但是在日常运行过程中，基站也会受到各种因素的影响而产生故障。本任务探讨如何快速高效地发现并解决故障，缩短故障处理延时，降低故障发生概率，以保证移动网络的稳定运行。

任务目标

- 识记：故障处理的一般过程。
- 领会：5G基站故障定位的常见方法。
- 应用：5G基站常见故障处理方法。

任务实施

一、5G 基站故障处理的一般过程

(一)故障信息收集

收集各种相关的原始信息,要尽可能多方面、多角度地了解相关信息。

(二)故障原因分析

判断各种原因导致故障的概率大小,并作为故障排除顺序的参考。

(三)故障定位

排查非可能故障因素,最终确定故障发生的根本原因。

(四)故障排除

采用适当的步骤排查故障,恢复系统正常运行。

二、5G 基站常见故障处理

(一)处理故障的一般思路

在处理故障时,应该遵循"一查看、二询问、三思考、四动手"的基本原则。

(二)故障定位的常见方法

1. 观察分析法

当系统发生故障时,在设备和网管上将出现相应的告警信息。通过观察设备上的告警灯运行情况,可以及时发现故障;故障发生时,网管上会记录非常丰富的告警事件和性能数据信息,通过分析这些信息,可以初步判断故障类型和故障点的位置。

2. 测试法(以环回操作为例)

进行环回操作时,先将故障业务通道的业务流程进行分解,画出业务路由图,将业务的源和宿,经过的网元,所占用的通道和时隙号罗列出来,然后逐段环回,定位故障网元。故障定位到网元后通过线路侧和支路侧环回基本定位出可能存在故障的单板。最后结合其他处理办法,确认故障单板予以更换,排除故障。

3. 拔插法

对最初发现某种电路板故障时,可以通过插拔一下电路板和外部接口插头的方法,排除因接触不良或处理机异常的故障。在插拔过程中,应严格遵循单板插拔的操作规范。插拔单板时,若不按规范执行,还可能导致板件损坏等其他问题的发生。

4. 替换法

当用拔插法不能解决故障时,可以考虑替换法。替换法就是使用一个工作正常的物件去替换一个被怀疑工作不正常的物件,从而达到定位故障、排除故障的目的。这里的物件,可以是一段线缆、一块单板或一个设备。

5. 配置数据分析法

在某些特殊情况下,如外界环境的突然改变,或由于误操作,可能会导致设备的配置数据遭到破坏或改变,导致业务中断等故障的发生。此时,故障定位后,可以通过查询,分析设备当前的配置数据;对于网管误操作,还可以通过查看网管的用户操作日志来进行确认。

6. 更改配置法

更改配置法更改的配置内容可以包括时隙配置、板位配置、单板参数配置等。因此更改配置法适用于故障定位到单个站点后,排除由于配置错误导致的故障。

7. 仪表测试法

仪表测试法一般用于排除传输设备外部问题以及与其他设备连接的问题。

8. 经验处理法

业务中断、通信中断等,可能伴随相应的告警,也可能没有任何告警,检查各单板的配置数据可能也是完全正常的。经验证明,在这种情况下,通过复位单板,网元掉电重启,重新下发配置或将业务倒换到备用通道等手段,可有效地及时排除故障、恢复业务。建议尽量少使用该方法来处理,因为该方法不利于故障原因的彻底查清。

(三)5G 基站常见故障处理方法

1. 前期准备

(1)更换场景

设备维护:部件更换是维护人员进行设备维护的常用手段。维护人员可以通过告警或其他设备维护信息确定硬件故障的范围。若单板或机框部件因故障已经退出服务,则可以直接进行相应的更换操作。

硬件升级:当部件增加新功能时,需要对硬件进行升级等。

设备扩容:当对设备扩容时,可能需要对某些部件进行更换或者拔插操作。

(2)注意事项

在部件更换过程中,维护人员需要注意避免对设备造成损坏或使业务受到影响。

建议不要在话务高峰时期更换可能影响业务的部件,尽量选取话务量最低的时间进行部件更换,例如凌晨 2:00～4:00 之间。

对于主备模式运行的部件,禁止直接更换主用部件,应该先进行主备倒换,确认需更换的部件变为备用状态时再进行更换。

部件更换过程不得在雨雪天气下进行。

(3)更换流程

为确保设备的运行安全,使部件更换操作对系统业务的影响降到最低程度,维护人员在执行部件更换操作时,必须严格遵循规定的基本操作流程,如图 5-2-1 所示。

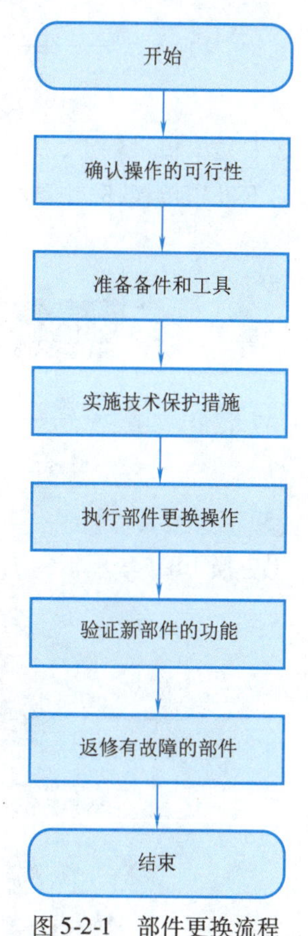

图 5-2-1　部件更换流程

(4)操作规范

①在更换部件过程中,操作人员必须遵守操作规范(见图 5-2-2),以免发生人身伤害和设备损坏。

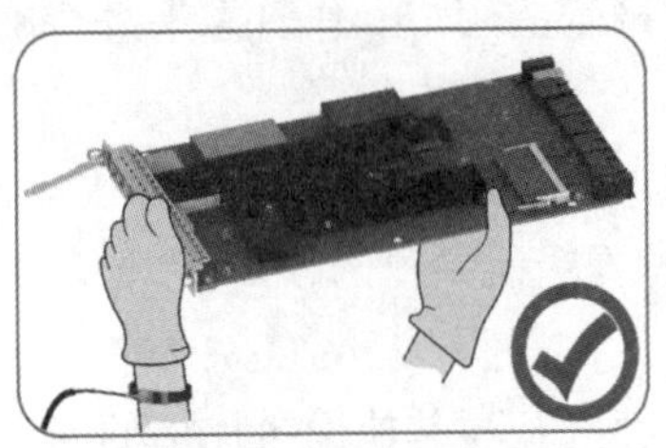
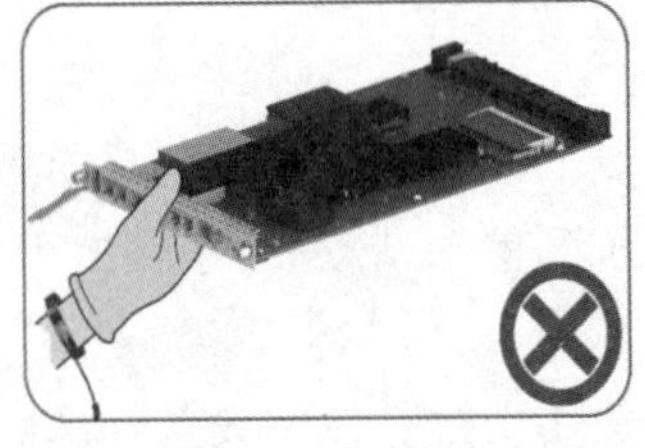

(a) 更换单板过程中，双手持板　　(b) 禁止单手持板

图 5-2-2　手持单板注意事项

②安装单板过程中,一只手拿把手侧,另一只手扶单板边缘以正确定位。禁止单手持板,且避免从侧面对单板施加外力,如图 5-2-3 所示。

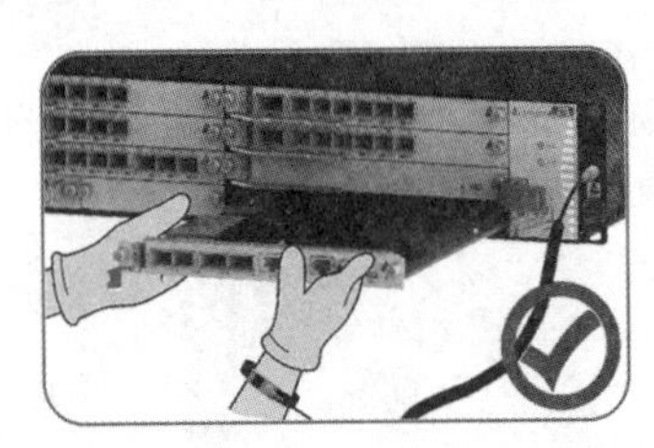
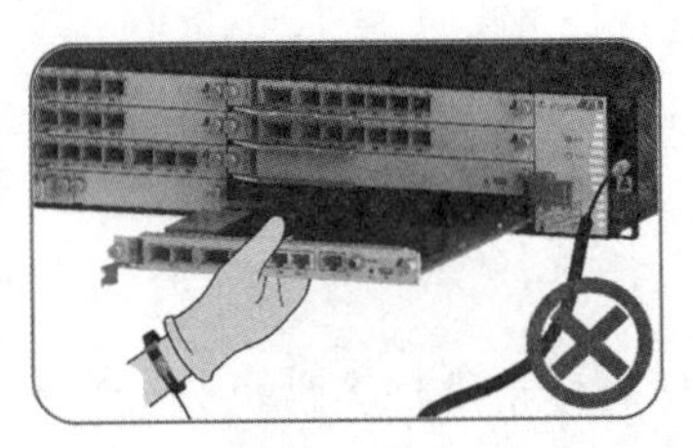

图 5-2-3　单板安装注意事项 1

③安装单板过程中,双手保持水平,使单板与机框插槽在同一平面。避免倾斜插拔,禁止向上或向下推压单板,防止单板弯曲变形,如图 5-2-4 所示。

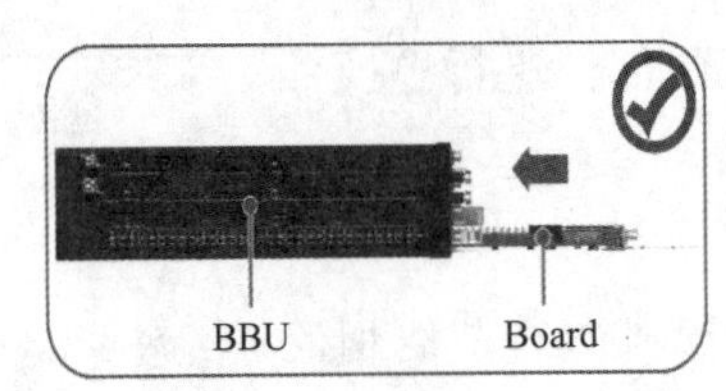

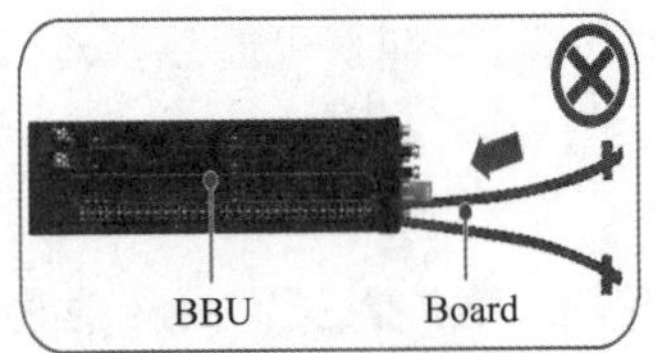

图 5-2-4　单板安装注意事项 2

(5)工具准备

①更换 BBU 和单板的工具如图 5-2-5 所示。

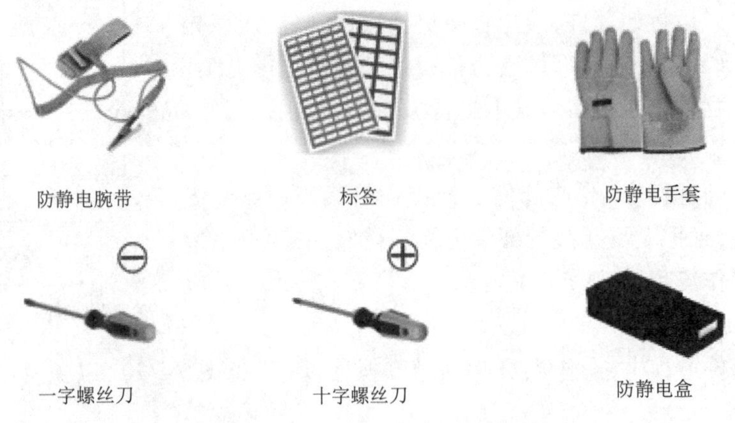

图 5-2-5　更换 BBU 和单板所需工具

②更换 AAU 的工具准备如图 5-2-6 所示。

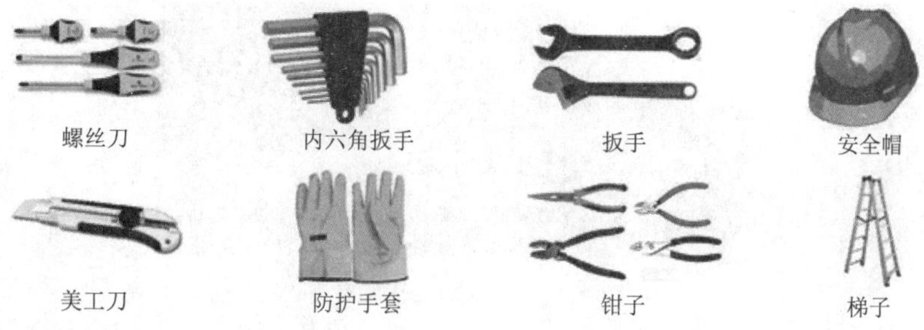

图 5-2-6 更换 AAU 所需工具

2. 更换光模块

(1)注意事项

①佩戴防静电腕带或防静电手套。

②检查新光模块,确保新光模块和故障光模块型号一致。

③准备好更换工具,防静电盒/防静电袋、标签。

④更换光模块将导致该模块支持的业务中断。

⑤在更换光模块的过程中,如果需要拔插光纤,注意保护光纤接头,避免弄脏。

(2)更换步骤

步骤 1:拔掉光模块上的光纤,在光纤接头处盖上保护帽,如图 5-2-7 所示。

图 5-2-7 光纤拔插注意事项

步骤 2:将光模块蓝色手柄拉下,解除锁定,并拔出故障光模块,如图 5-2-8 所示。

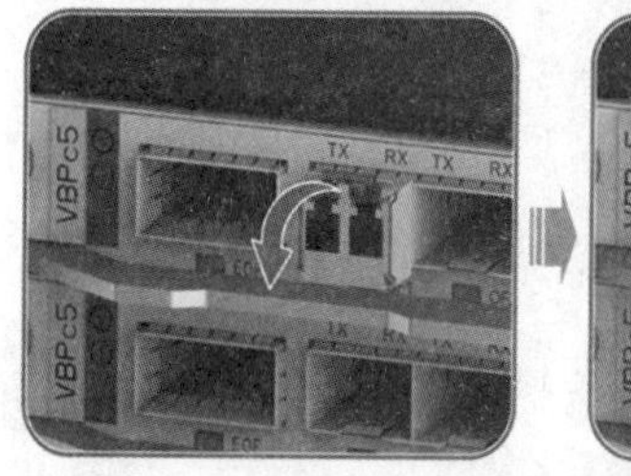

图 5-2-8 拔出故障光模块

步骤 3:插入新光模块,并将光模块蓝色手柄拉上,锁定光模块,如图 5-2-9 所示。

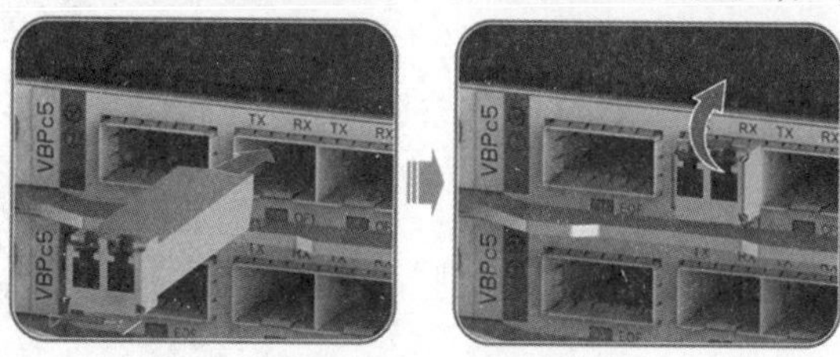

图 5-2-9 插入新光模块

步骤4:重新连接与光模块相连的光纤,如图5-2-10所示。

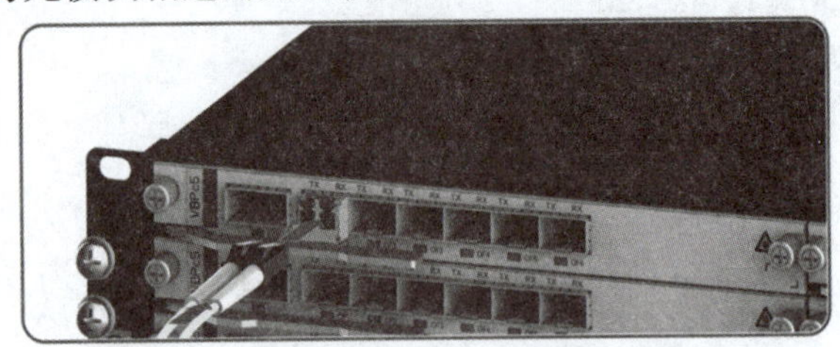

图5-2-10　重新连接光纤

步骤5:将替换下来的光模块放入防静电袋中,并粘贴标签,注明型号及故障信息,并存放在纸箱中,纸箱外面也应该有相应标签粘贴,以便日后辨认处理,如图5-2-11所示。

图5-2-11　更换单板需放入防静电袋

3. 更换BBU

(1)更换BBU单板

更换BBU单板流程如图,如图5-2-12所示。为避免静电危害,执行本操作前请正确佩戴防静电腕带。

(2)更换BBU横插单板

横插单板包括交换板、主控板和基带板。

注意事项:

①佩戴防静电腕带或防静电手套。

②检查新单板,确保新单板和故障单板型号一致。

③更换独立工作的单板将导致该单板支持的业务中断。

④在更换单板的过程中,如果需要拔插光纤,注意保护光纤接头,避免弄脏。

⑤插入单板时,注意沿槽位插紧,若单板未插紧将可能导致设备运行时产生电气干扰,或对单板造成损害。

⑥在拔插光纤的过程中,注意标识收发线缆,避免再次插入时插反收发线缆。

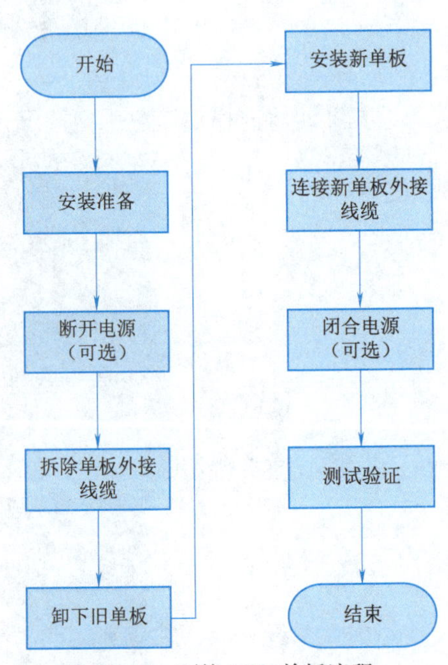

图5-2-12　更换BBU单板流程

步骤:

①拆除单板上的外部连接线缆,做好标记,如图5-2-13所示。

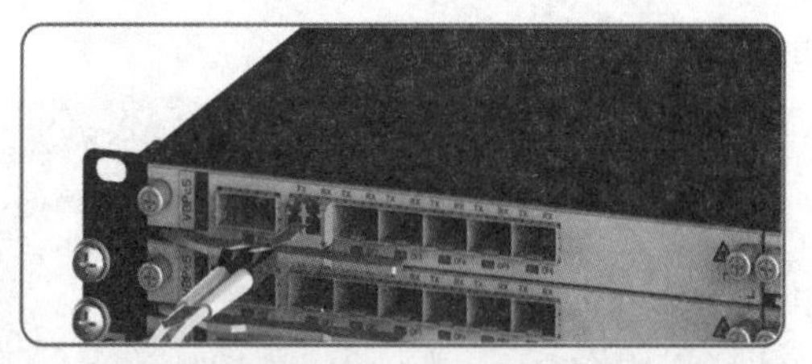

图 5-2-13　拆除单板上的外部连接线缆

②拔出单板上的光模块,如图 5-2-14 所示。

图 5-2-14　拔出单板上的光模块

③拧松单板上的两侧螺丝,并扳开把手,如图 5-2-15 所示。

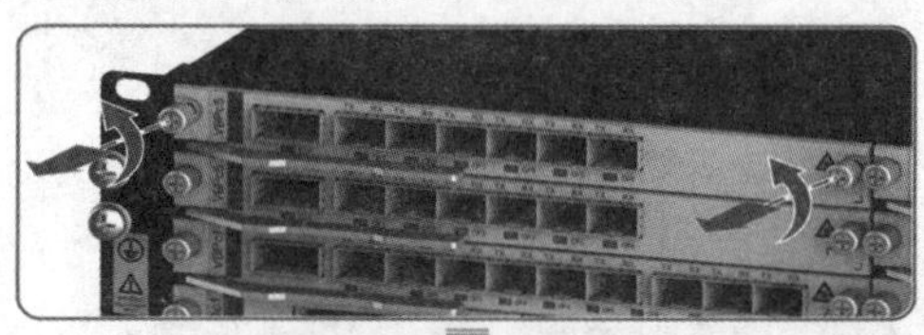

图 5-2-15　拔出单板上的光模块

④拔出故障单板,如图 5-2-16 所示。

图 5-2-16　拔出故障单板

⑤对准插箱左右导轨均匀用力,插入新基带单板,如图 5-2-17 所示。

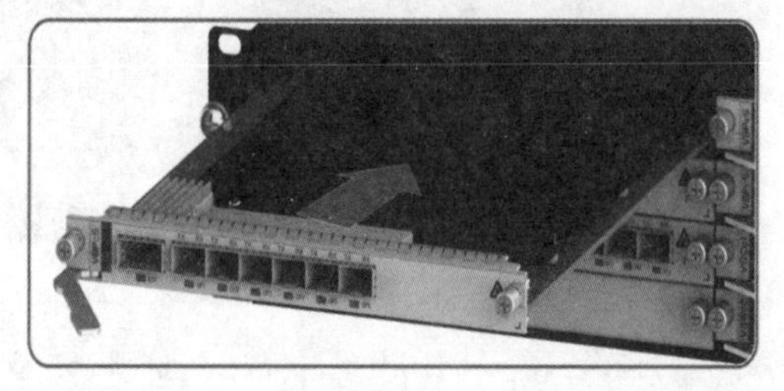

图 5-2-17　插入新基带单板

⑥锁定把手，并拧紧单板上的两侧螺丝，如图 5-2-18 所示。

图 5-2-18　拧紧单板上的两侧螺丝

⑦插入光模块，如图 5-2-19 所示。

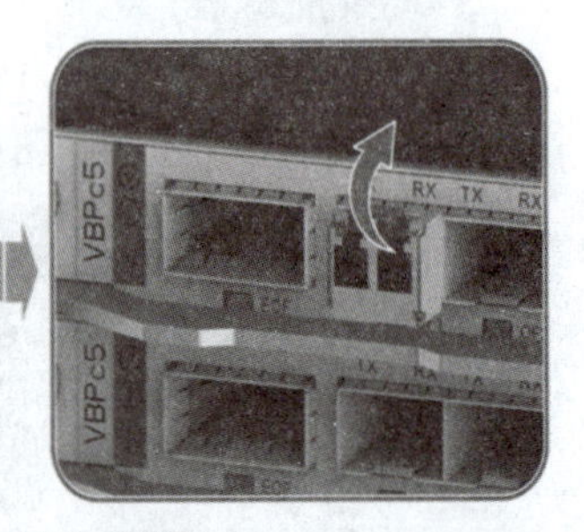

图 5-2-19　插入光模块

⑧重新连接基带板上的外部线缆，如图 5-2-20 所示。

图 5-2-20　重新连接基带板上的外部线缆

⑨查看新基带板单板是否能够正常工作。如果 ✓ 指示灯由快闪变为慢闪（此过程需要 1 ~2 min 左右），则更换成功，如图 5-2-21 所示。

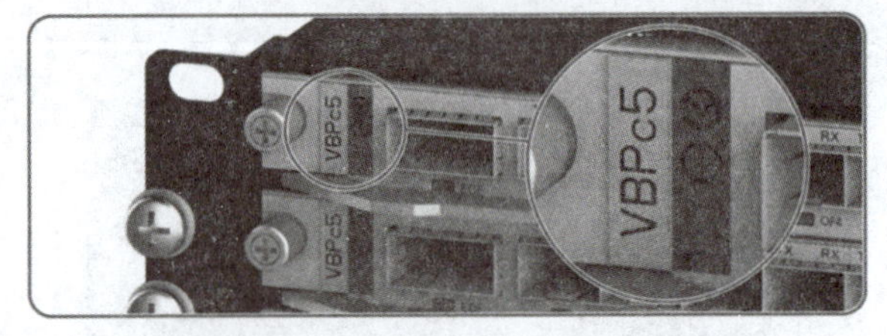

图 5-2-21　查看新基带板单板状态

⑩将替换下来的单板放入防静电袋中，并放入单板盒，粘贴标签，注明单板型号及故障信息，并存放在纸箱中，纸箱外面也应该有相应标签粘贴，以便日后辨认处理，如图 5-2-22 所示。

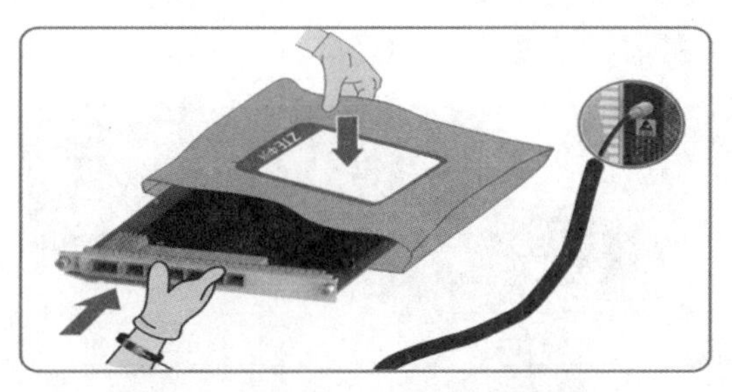

图 5-2-22 替换单板需放入防静电袋

(3)更换 BBU 电源单板

步骤:

①断开直流电源分配模块上为 BBU 供电的配套电源开关,如图 5-2-23 所示。

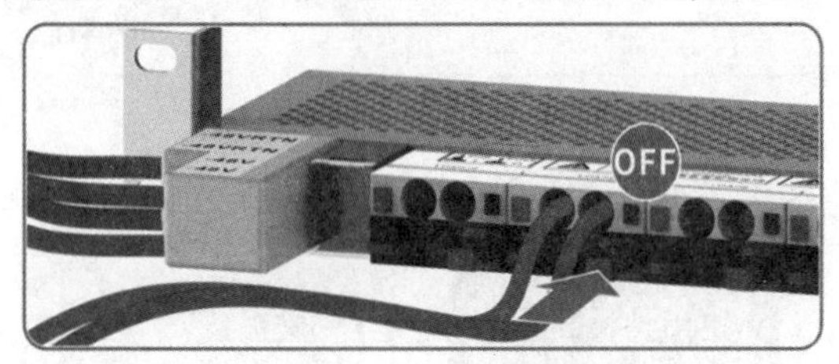

图 5-2-23 断开直流电源

②拆卸 BBU 电源模块电源线,先把电源插头的拉环往外拉,同时往外拔出电源插头。切不可用蛮力插拔以免损害电源连接器,如图 5-2-24 所示。

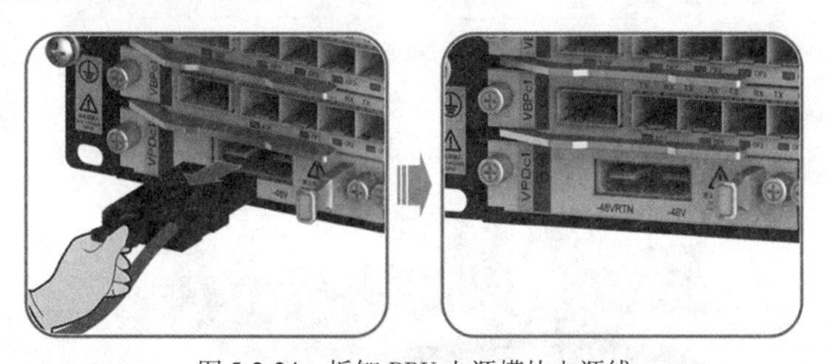

图 5-2-24 拆卸 BBU 电源模块电源线

③拧松两边螺丝,拔出电源模块,如图 5-2-25 所示。

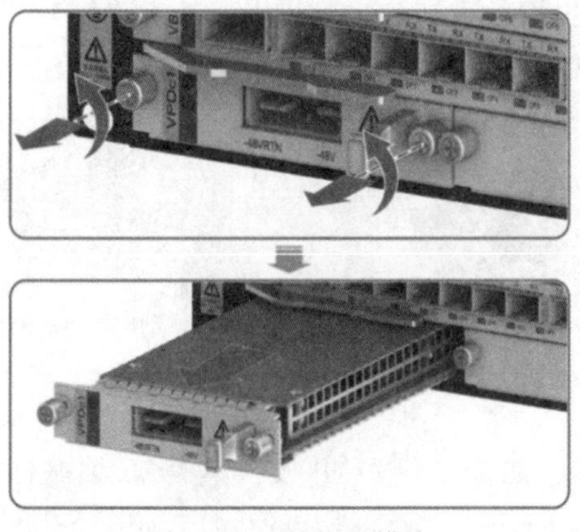

图 5-2-25 拔电源模块

④插入新电源模块，并拧紧两边螺丝，如图 5-2-26 所示。

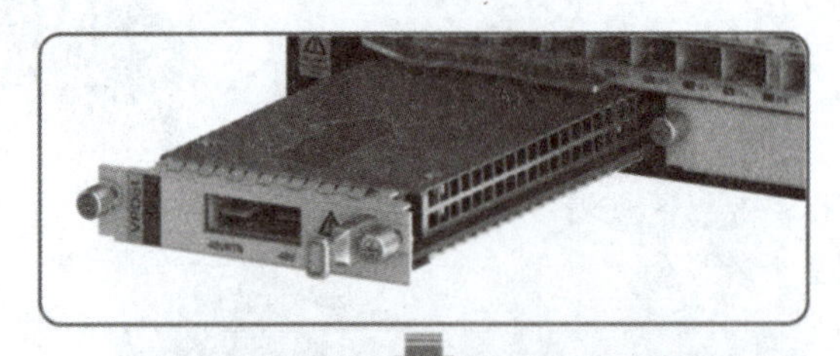

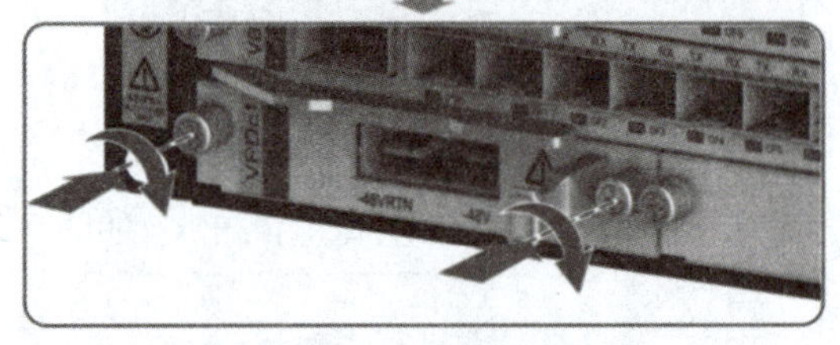

图 5-2-26　插入新电源模块

⑤重新安装电源模块的电源线缆，如图 5-2-27 所示。

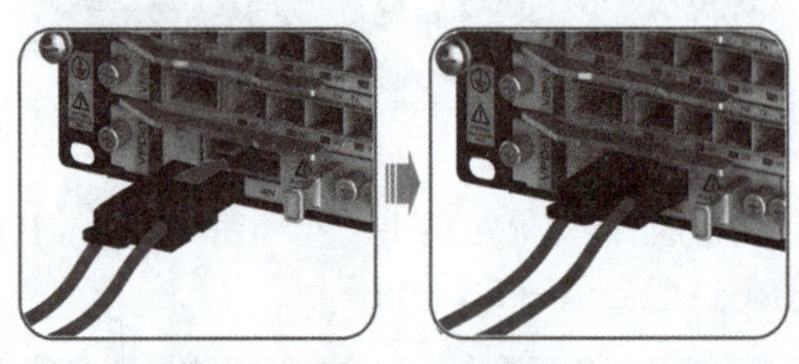

图 5-2-27　重新连接线缆

⑥闭合新电源模块供电的电源开关，如图 5-2-28 所示。

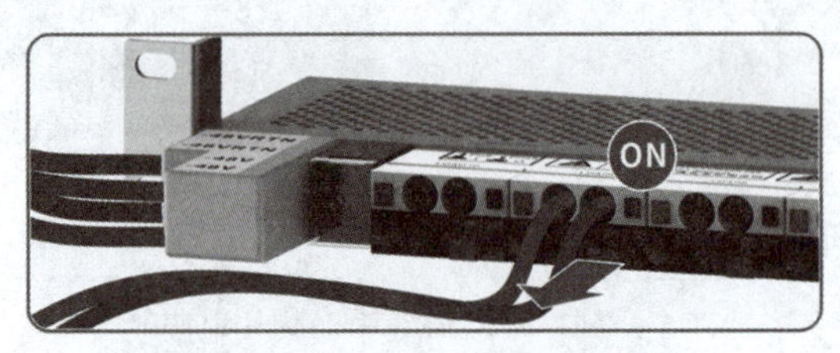

图 5-2-28　闭合电源开关

⑦查看指示灯，检查新单板是否能够正常供电。如果 指示灯常亮，并且 BBU 插箱上所有单板以及风扇模块都正常工作，则更换成功，如图 5-2-29 所示。

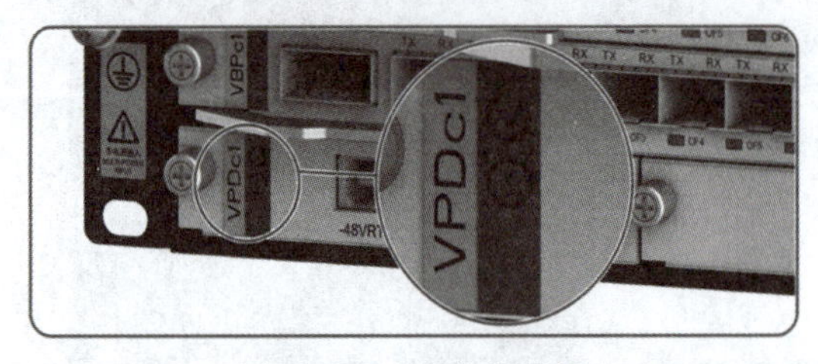

图 5-2-29　观察指示灯

⑧将替换下来的单板装入防静电袋中，并放入单板盒，粘贴标签，注明单板型号、槽位、版本，分类存放在纸箱中，纸箱外粘贴相应标签，方便识别，如图 5-2-30 所示。

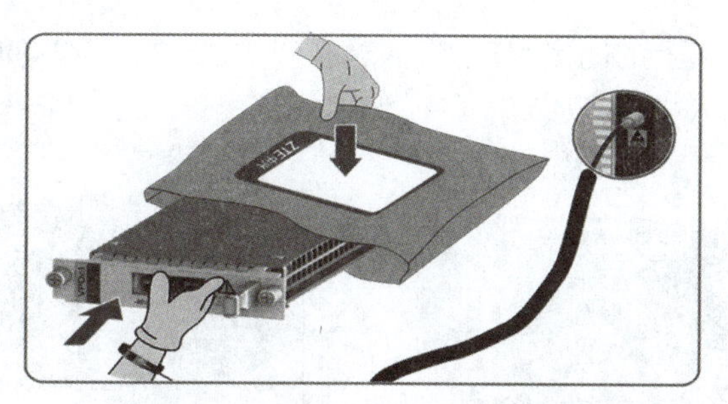

图 5-2-30　更换单板需装入防静电袋

(2)更换 BBU V9200

为避免静电危害,执行本操作前请正确佩戴防静电腕带,更换 BBU 流程如图 5-2-31 所示。

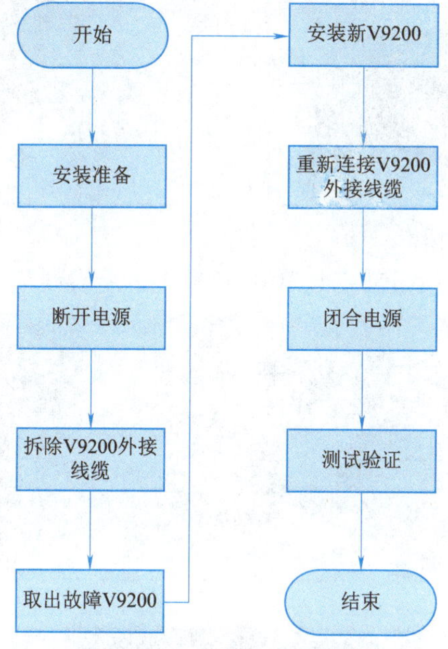

图 5-2-31　更换 BBU 流程

步骤:

①断开直流电源分配模块上为 BBU 供电的电源开关,如图 5-2-32 所示。

②拆除 BBU 端所有线缆,如图 5-2-33 所示。

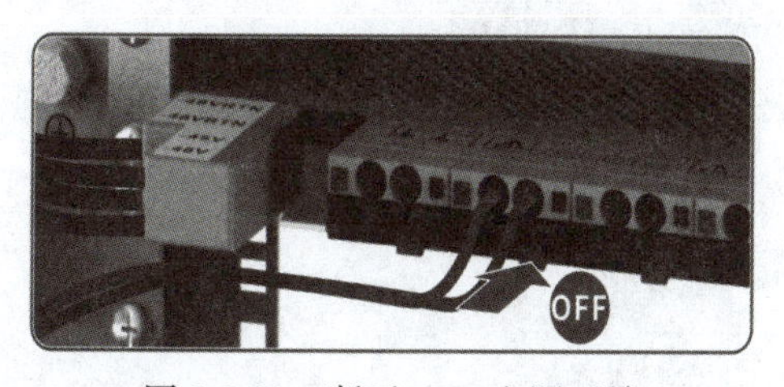

图 5-2-32　断开 BBU 电源开关

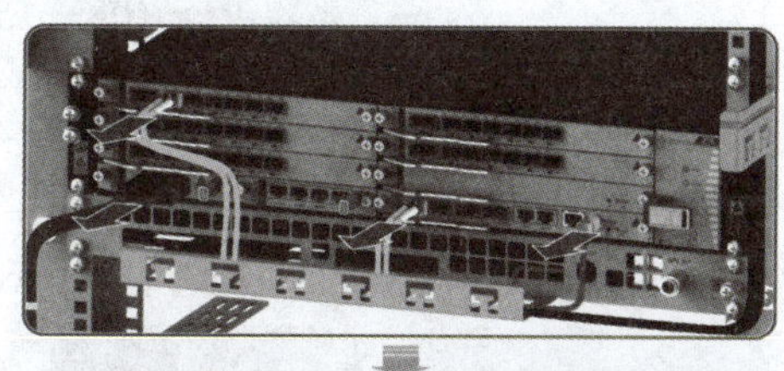

图 5-2-33　拆除 BBU 端所有线缆

③松开故障 BBU 插箱上的固定螺钉,将插箱轻轻拉出,如图 5-2-34 所示。

④将新 BBU 插箱插入机柜/安装单元中,旋紧固定螺钉,如图 5-2-35 所示。

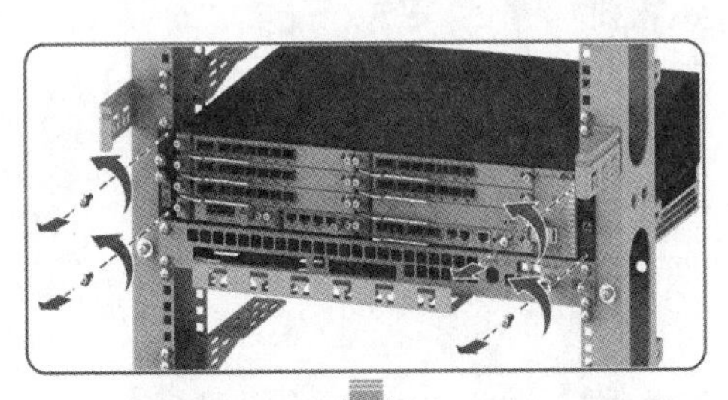

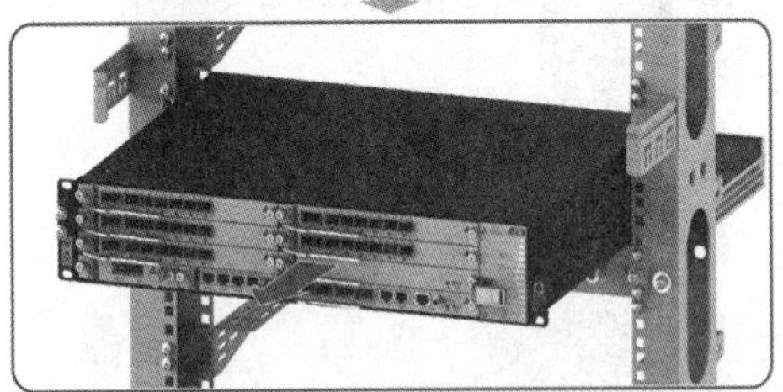

图 5-2-34　拉出插箱

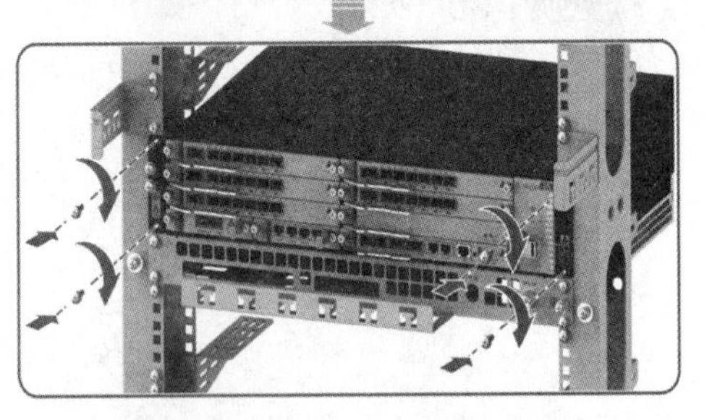

图 5-2-35　新 BBU 插箱插入机柜

⑤按照线缆标签记录位置,重新安装 BBU 插箱上的所有线缆,如图 5-2-36 所示。

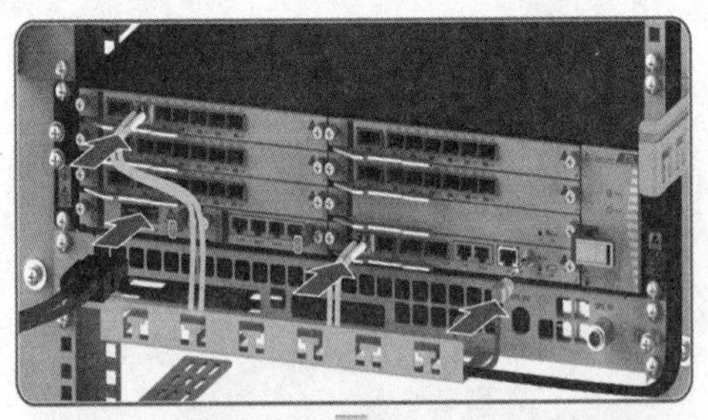

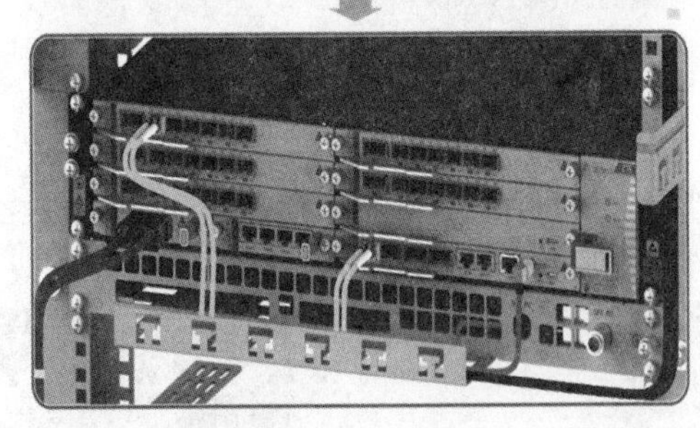

图 5-2-36　重新安装 BBU 插箱上的线缆

⑥检查电源线连接,确认所有线缆全部安装正确,闭合 BBU 供电电源开关,如图 5-2-37 所示。

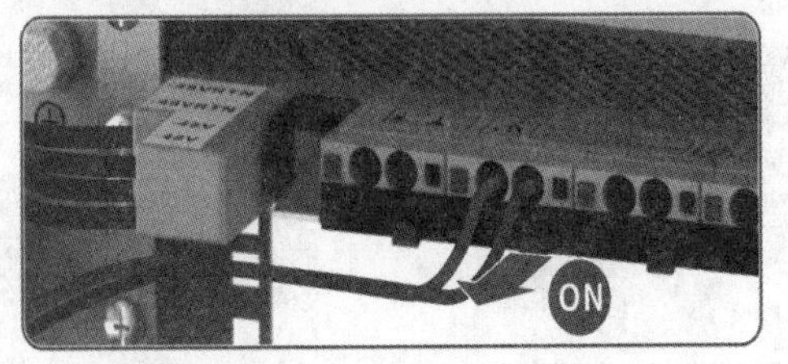

图 5-2-37　闭合 BBU 供电电源开关

⑦将替换下来的 BBU 插箱放入防静电袋中，并粘贴标签，注明型号及故障信息，并存放在纸箱中，纸箱外面也应该有相应标签粘贴，以便日后辨认处理，如图 5-2-38 所示。

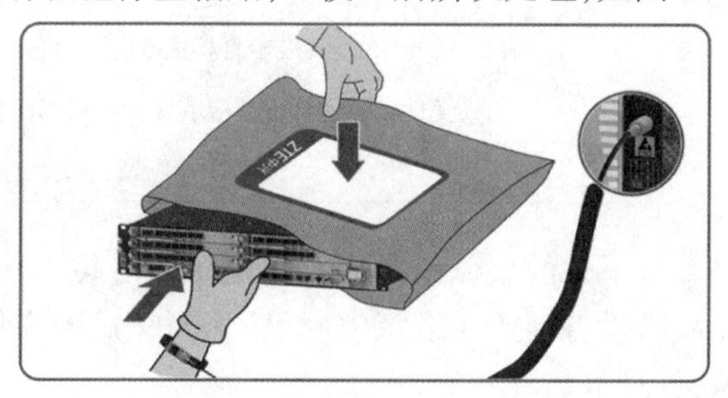

图 5-2-38 插箱放入防静电袋

4. 更换 AAU

AAU 是 5G 有源天线单元，与 BBU 一起构成完整基站。更换 AAU 将导致该设备所承载的业务完全中断。

注意事项：

①确认故障 AAU 的硬件配置类型，准备好新的 AAU，其规格与故障 AAU 的规格一致。

②记录好待更换设备上的电缆位置，待设备更换完毕后，电缆要插回原位。

③环境温度超过 40 ℃时，禁止高温操作运行中的设备。如果需要进行维护操作，请先断电冷却，以免烫伤。

步骤：

①通知网管侧管理员将要进行 AAU 整机更换，请管理员执行该站点小区的闭塞操作。

②将故障设备下电。

③佩戴防静电腕带，将防静电腕带可靠接地。如无防静电腕带，或者防静电腕带无合适的接地点，请佩戴防静电手套。

④从故障设备上拆下所有相关线缆，线缆端口用标签一一做好标记。

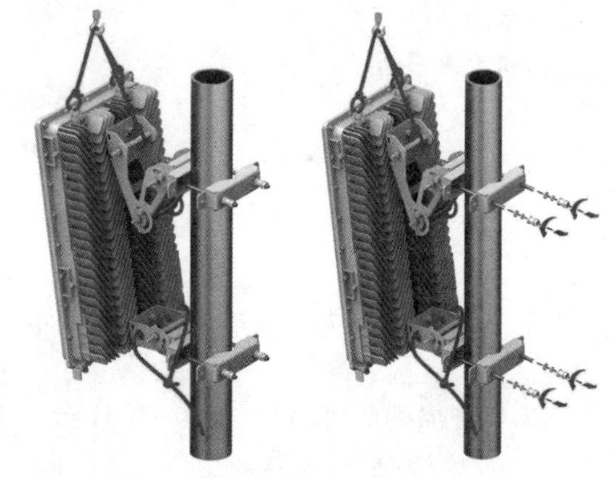

图 5-2-39 拆除 AAU

⑤拆卸故障设备，如图 5-2-39 所示。（注意：超载或吊装设备不当使用可能导致现场人员被掉落的设备砸伤，造成严重人身伤害。）

a. 吊装设备。

b. 依次拆下螺母、弹垫、平垫和抱杆紧固件。

c. 将拆下的设备放在指定位置。

⑥拆下设备上的抱杆安装组件。

⑦安装新 AAU，根据线缆标签所标记的信息，重新安装线缆，设备重新上电，如图 5-2-40 所示。

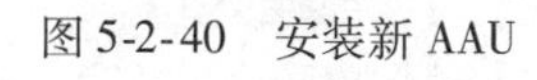

图 5-2-40 安装新 AAU

⑧设备上电后观察指示灯状态见表 5-2-1。

表 5-2-1　AAU 上电后的处置方案

现象	处置方案
指示灯显示正常,业务恢复	表示自检成功,整机更换成功
指示灯显示不正常,业务未恢复	定位故障原因,设备指示灯显示状态说明可参见“指示灯”
	联系中兴通讯技术支持

⑨处理故障设备。将替换下来的故障设备放入防潮防静电袋中,并粘贴标签,标签注明设备型号以及故障信息。将故障设备存放在纸箱中,纸箱外面粘贴同样信息的标签,以便维修时辨认处理。与设备商联系,处理故障设备。

热点话题

随着移动设备的爆发式增加以及移动业务的高需求性,基站在出现问题后如何快速维护与维护,请分组讨论该话题。

任务小结

对移动通信系统中基站的各类故障应认真分析,找到其真正原因,才能以最快的速度排除故障,提高网络质量。本任务主要介绍 5G 基站的故障处理思路、一般过程以及常见故障处理方法,供大家参考。

※思考与练习

一、填空题

1. 基站的日常维护按照维护周期要求分为:________、________、________和________。

2. 检查空调的送、回风口,要保持空气循环的畅通,要求空调机的送、回风口温差大于______℃,且送、回风口前______ m 内不能有任何物件阻挡。

3. 每月巡检根据基站基础信息表对基站的每一个资源设备进行核对,包括机房内设备厂家及型号,天馈线的______、______、下倾角。

4. 检查避雷针状态,所有室外设施应在其______°保护角内。

5. 每______使用功率计测量基站载频发射功率。基站调整发射功率,要求值要以工程竣工调试记录为准。若因网优需要调整过,则以调整记录为准,必须保证同一扇区间的载频发射功率要求一致。

6. 查看新单板是否能够正常工作时,如果运行指示灯由快闪变为______(此过程需要1 ~ 2 min 左右),则更换成功。

7. 环境温度超过______℃时,禁止高温操作运行中的设备。如果需要进行维护操作,请先断电冷却,以免烫伤。

8. 确认故障 AAU 的硬件配置类型,准备好新的 AAU,其规格与故障 AAU 的规格______。

9. 插入单板时,注意沿槽位插紧,若单板未插紧将可能导致设备运行时产生____________,或对单板造成损害。

10. 将替换下来的故障设备放入____________中,并粘贴标签,标签注明设备型号以及故障信息。

二、判断题

1. (　　)5G 基站的巡检每月巡检一次即可。

2. (　　)基站主设备和蓄电池对环境温度要求都很高,温度过高会导致基站退服,而温度过低则不会。

3. (　　)220 V 市电在直接接入一次电源前,必须增加相应防雷装置。

4. (　　)交流电压范围是 100 V ~ 240 V。

5. (　　)基站主设备就是指无线设备。

6. (　　)超载或吊装设备不当使用可能导致现场人员被掉落的设备砸伤,造成严重人身伤害。

7. (　　)AAU 是 5G 无源天线单元。

8. (　　)替换下来的故障设备做废旧物料处理至垃圾桶。

9. (　　)更换光模块时,需要佩戴防静电腕带或静电手套。

10. (　　)指示灯显示正常,业务恢复,表示自检成功,整机更换成功。

三、简答题

1. 5G 基站的日常巡检工作包括了哪些内容?

2. 资料核对主要包括哪些方面?

3. 基站天馈线系统月巡检内容主要包括哪些方面?

4. 基站日常巡检工作能够及时地了解设备的运行情况,对存在安全隐患的设备能够及时地进行处理,简述基站日常巡检具体的检查范围?

5. 基站蓄电池的作用及在日常巡检时的注意事项?

6. 简述更换 AAU 所需要准备的工具。

7. 简述更换 BBU V9200 的步骤。

8. 5G 基站故障处理的一般过程是什么?

9. 简述更换光模块的注意事项。

10. 简述更换 BBU 电源单板的步骤。

附录 A　缩略语

缩写	英文全称	中文全称
5G NR	5G New Radio	5G 新空口
5GC	5G Core Network	5G 核心网
AAU	Active Antenna Unit	有源天线单元
AMF	Access and Mobility Management Function	接入和移动管理功能
BBU	Base band Unit	基带处理单元
CAPEX	capital expenditure	资本性支出
DDF	Digital Distribution Frame	数字配线架
EPC	Evolved Packet Core	演进分组核心网
gNB	Next Generation NodeB	下一代基站/5G 基站
GPS	Global Positioning System	全球定位系统
NB - IoT	Narrow Band Internet of Things	窄带物联网
ng - eNB	Next Generation eNodeB	下一代的 4G 基站
NG - RAN	Next Generation Radio Access Networks	下一代无线接入网/5G 无线网
NSA	Non-Standalone	非独立组网
OPEX	operating expense	营运成本
PDCP	Packet Data Convergence Protocol	分组数据汇聚协议
SA	Standalone	独立组网
UPF	User Plane Function	用户平面功能
VBPc1	Baseband Processing Board type c1	基带处理板 c1
VBPc5	Baseband Processing Board type c5	基带处理板 c5
VEMc1	Environment Monitoring Board type c1	环境监控板 c1
VFC1	Fan Array Module type C1	风扇模块 c1
VGCc1	General Computing Board type c1	通用计算板 c1
VPDc1	Power Distribution Board type c1	电源分配板 c1
VSWc2	Switch Board Type c2	交换板 c2

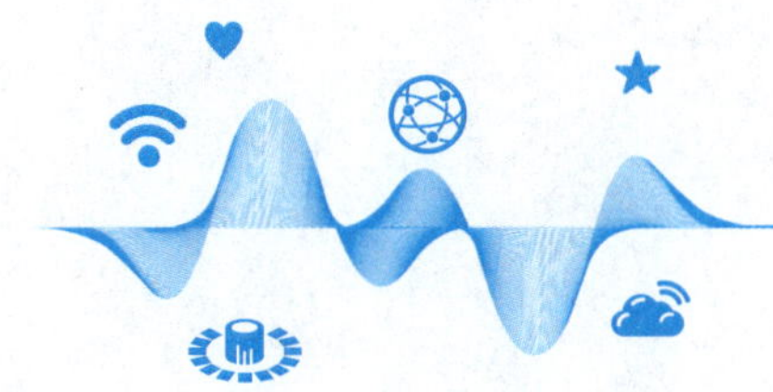

参考文献

[1] 宋燕辉,郭旭静. 5G技术及设备[M]. 长沙:湖南教育出版社,2022.

[2] 朱伏生,吕其恒,徐巍,等. 5G移动通信技术[M]. 北京:中国铁道出版社有限公司,2021.

[3] 汤昕怡,曾益. 5G基站建设与维护[M]. 北京:电子工业出版社,2020.

[4] 胡国安,杨学辉. 基站建设[M]. 成都:西南交通大学出版社,2011.